BestMasters

Mit **„BestMasters“** zeichnet Springer die besten Masterarbeiten aus, die an renommierten Hochschulen in Deutschland, Österreich und der Schweiz entstanden sind. Die mit Höchstnote ausgezeichneten Arbeiten wurden durch Gutachter zur Veröffentlichung empfohlen und behandeln aktuelle Themen aus unterschiedlichen Fachgebieten der Naturwissenschaften, Psychologie, Sozialwissenschaften, Technik und Wirtschaftswissenschaften. Die Reihe wendet sich an Praktiker und Wissenschaftler gleichermaßen und soll insbesondere auch Nachwuchswissenschaftlern Orientierung geben.

Springer awards **“BestMasters”** to the best master’s theses which have been completed at renowned Universities in Germany, Austria, and Switzerland. The studies received highest marks and were recommended for publication by supervisors. They address current issues from various fields of research in natural sciences, psychology, social sciences, technology, and economics. The series addresses practitioners as well as scientists and, in particular, offers guidance for early stage researchers.

Danica Petrović

Das Kino und Hotel „L'Aiglon" in Berlin-Wedding

Analyse des Bauensembles und Vorschläge zur denkmalgerechten Nachnutzung

Springer Vieweg

Danica Petrović
Architektur, Bauingenieurwesen und
Stadtplanung
BTU Cottbus-Senftenberg
Cottbus, Deutschland

ISSN 2625-3577 ISSN 2625-3615 (electronic)
BestMasters
ISBN 978-3-658-50213-3 ISBN 978-3-658-50214-0 (eBook)
https://doi.org/10.1007/978-3-658-50214-0

Die Deutsche Nationalbibliothek verzeichnet diese Publikation in der Deutschen Nationalbibliografie; detaillierte bibliografische Daten sind im Internet über https://portal.dnb.de abrufbar.

Planung/Lektorat: Friederike Lierheimer
Springer Vieweg ist ein Imprint der eingetragenen Gesellschaft Springer Fachmedien Wiesbaden GmbH und ist ein Teil von Springer Nature.
Die Anschrift der Gesellschaft ist: Abraham-Lincoln-Str. 46, 65189 Wiesbaden, Germany

Vorwort

Diese Arbeit entstand im Rahmen meiner Masterthesis im Sommersemester 2023 an der Brandenburgischen Technischen Universität Cottbus-Senftenberg unter der Betreuung von Prof. Ilija Vukorep und Prof. Dr. Johanna Blokker. Sie ist zugleich Teil des DFG-Forschungsprojektes „Bauten der Besatzungszeit in Westdeutschland (1945–1955): Das Erbe der Demokratisierung in der architektonischen Landschaft Deutschlands“, das von Prof. Dr. Johanna Blokker und Dr. Antoine Beaudoin in den Jahren 2022 und 2023 geleitet wurde. Als wissenschaftliche Hilfskraft unterstützte ich dieses Projekt parallel zur Erstellung meiner Masterarbeit.

Für die vorliegende Arbeit wurde ich mit dem Studentenpreis des Landesdenkmalamtes Berlin ausgezeichnet und in die Liste der „100 Köpfe der Hauptstadtwissenschaft“ des Tagesspiegel aufgenommen.

Groningen
28.09.2025

Danica Petrović

Danksagung An dieser Stelle möchte ich mich herzlich bei allen bedanken, die mich während der Entstehung meiner Masterarbeit unterstützt haben.

Mein besonderer Dank gilt meinen Eltern, Marica Jovićević-Petrović und Mihajlo Petrović, sowie meinem Partner Can Öktem, seiner Mutter Dr. Iris Kavalalı-Öktem, meiner Tante Lidija Jovićević-Ljubisavljević und meinem Onkel Prof. Dr. Miloš Ljubisavljević für ihre beständige Unterstützung und Ermutigung.

Für die fachliche Betreuung und wertvolle wissenschaftliche Begleitung danke ich meiner Erstbetreuerin Prof. Dr. Johanna M. Blokker sowie Prof. Ilija Vukorep.

Ebenso gilt mein Dank meinem Kollegen aus dem DFG-Forschungsprojekt „Bauten der Besatzungszeit in Westdeutschland“, Dr. Antoine Beaudoin, sowie den Mitgliedern des DFG-Graduiertenkollegs 1913 und dessen Koordinator Dr. Albrecht Wiesener.

Für die großzügige Unterstützung mit wertvollen Informationen danke ich dem ehemaligen Kinofilmvorführer und Hausmeister des Kinos L'Aiglon, Alain Geliot, sowie Christina Czymay, Referentin für Baudenkmalinventarisation im Landesdenkmalamt Berlin, Gregor Onasch vom Bezirksamt Mitte von Berlin, Fachbereich Denkmalschutz, Michael Seßmann, Sachbearbeiter in Bundesanstalt für Immobilienaufgaben und Florian Fangmann, Direktor der Centre Français de Berlin. Mein Dank gilt auch Herrn Metin Oğuz, Hausmeister der Bundesanstalt für Immobilienaufgaben, der mir den Besuch des Kinos ermöglicht hat. Für das sprachliche Lektorat danke ich Dr. phil. Anna-Lena Hermelingmeier. Allen, die auf unterschiedliche Weise zum Gelingen dieser Arbeit beigetragen haben, gilt mein aufrichtiger Dank.

Interessenkonflikt Der/die Autor*in hat keine für den Inhalt dieses Manuskripts relevanten Interessenkonflikte.

Inhaltsverzeichnis

Über die Autorin

Danica Petrović, M.Sc., ist Doktorandin am Centre for Media and Journalism Studies der Universität Groningen. Sie studierte Architektur an der BTU Cottbus–Senftenberg (DAAD-Stipendiatin) und an der Universität Belgrad. Sie war an mehreren Forschungsprojekten in Serbien, Deutschland und Montenegro beteiligt, die sich mit dem baukulturellen Erbe des 20. Jahrhunderts befassen, und wirkte an Projekten zur Erhaltung denkmalgeschützter Bauten mit. Ihre Arbeiten stellte sie europaweit aus. Seit 2020 ist sie Mitglied von ICOMOS Serbien sowie seit 2022 Ansprechpartnerin der Emerging Professionals Working Group (EPWG) in ICOMOS Deutschland.

Abkürzungsverzeichnis

AG	Arbeitsgemeinschaft
DFG	Deutsche Forschungsgemeinschaft
HS	Heritage Studies
OdD	Orte der Demokratiegeschichte
Ufa	Universum Film AG

1 Einleitung

Gegenwärtig steht die Demokratie weltweit einer Reihe von Herausforderungen gegenüber.

Die globale Gemeinschaft wird durch Konflikte in verschiedenen Teilen der Welt, wie die Flüchtlingskrise und den Aufstieg rechtspopulistischer politischer Ideologien bedroht.

Die Stärkung nationalistischer Parteien ist eine Folge der globalen Einwanderungskrise und der Veränderungen in der Weltordnung, darunter der Ausbruch von Konflikten in mehreren Regionen. Parallel dazu stellt die digitale Revolution eine erhebliche Herausforderung dar, da das tägliche Leben vermehrt im digitalen Raum stattfindet. Das Internet hat die Zuverlässigkeit von Informationen verringert und den öffentlichen Raum mit oberflächlichen Slogans, Einstellungen, Fehlinformationen und sozialen Spaltungen überschwemmt. Weltweites Netz stellt in vielen Fällen eine Plattform dar, die künstliche und oberflächliche Gemeinschaften schafft.

In den im Januar 2022 stattgefundenen Treffen der Gruppe Europäischer Demokratien wurde hervorgehoben, dass das Vertrauen der Bürger in öffentliche Institutionen auf allen Ebenen erschüttert ist und dringend wiederhergestellt werden muss.[1] Diese Zusammenkunft kam zu dem Schluss, dass die öffentlichen Institutionen eine wesentliche Rolle bei der Wiederherstellung des Vertrauens in demokratische Staaten spielen könnten.

Doch stellt sich die Frage, ob auch kulturelle und historische Stätten hierzu beitragen können. Im Jahr 2017 wurde die Arbeitsgruppe „Orte der Demokratiegeschichte“ ins Leben gerufen, basierend auf dieser Erklärung.[2] Diese

[1] European Committee of the Regions 2022, 3,4.

[2] Engst, Baasch, Wagnitz, Riffel 2021, 39.

D. Petrović, *Das Kino und Hotel „L'Aiglon“ in Berlin-Wedding*, BestMasters,
https://doi.org/10.1007/978-3-658-50214-0_1

Gruppe identifiziert historische und physische Überreste, welche die Entwicklung der deutschen Demokratie dokumentieren. Das Hauptziel des Arbeitskreises besteht darin, den extremistischen Strömungen, die die Grundlagen der Demokratie gefährden, entgegenzutreten und die Werte der freiheitlichen demokratischen Ordnung zu bewahren.[3]

Die Arbeitsgruppe entwickelt die Art und Weise weiter, wie die Erinnerungskultur in Deutschland gestaltet wird. Sie trägt dazu bei, dass diese nicht nur mit der NS-Terrorherrschaft und der SED-Diktatur assoziiert wird, sondern auch mit den demokratischen, freiheitlichen und parlamentarischen Traditionen in Verbindung gebracht wird.[4]

Das Tätigkeitsfeld dieser Arbeitsgruppe spiegelt sich in mehreren Projekten wider.[5] Eine davon ist die Online-Präsentation einer interaktiven digitalen Karte zu den OdD in Deutschland.[6] Sie liefert Kurzinformationen über die Geschichte und Bedeutung des Staates, und verbindet sie mit der Internetpräsentation der Orts-Webseite. Das Kriterium für die Auswahl der Orte war, dass sie den Individuen die Möglichkeit vor Ort anbieten, sich mit der Geschichte auseinanderzusetzen und somit aktiv an der zukünftigen Gestaltung der Demokratie teilzunehmen.[7] In der Projektbeschreibung des AG OdD wurde erläutert, dass Museen, Gedenkstätten, Vereine, Forschungseinrichtungen, Gemeinden und Stiftungen die Vermittler für die Auseinandersetzung mit dem Ort als OdD zuständig sind.

---

[3] Gütters 2021, [Online verfügbar unter]: https://www.bundesregierung.de/breg-de/bundesregierung/bundeskanzleramt/staatsministerin-fuer-kultur-und-medien/aktuelles/rede-vonkulturstaatsministerin-gruetters-zur-ersten-lesung-des-gesetzentwurfs-zur-errichtung-einer-stiftungorte-der-deutschen-demokratiegeschichte-1898146, [Zugriff und zuletzt geprüft im September 2025].

[4] Engst, Baasch, Wagnitz, Riffel 2021, 4.

[5] Obwohl die anderen Projekten „100 Köpfe der Demokratie“, „175 Jahre Revolution 1848/49“, „150

Jahre Kaiserreich“, „Demokratiegeschichten“, „historyCast“ nicht im Fokus dieser Forschungsarbeit stehen, tragen sie zum allgemeinen Verständnis der Ziele und Aktivitäten der AG OdD bei.

[6] Deutschlandkarte der Demokratie, [Online verfügbar unter]: https://demokratie-geschichte.de/karte/, [Zugriff und zuletzt geprüft im September 2025].

[7] Gütters 2021, [Online verfügbar unter]: https://www.bundesregierung.de/bregde/bundesregierung/bundeskanzleramt/staatsministerin-fuer-kultur-und-medien/aktuelles/rede-vonkulturstaatsministerin-gruetters-zur-ersten-lesung-des-gesetzentwurfs-zur-errichtung-einer-stiftungorte-der-deutschen-demokratiegeschichte--1898146, [Zugriff und zuletzt geprüft im September 2025].

Nach einer eingehenden Analyse der Aufstellung der Orte der Demokratiegeschichte (OdD) in der AG Orte der Demokratiegeschichte ist es nachvollziehbar, dass es an Orten mangelt, die während der Besatzungszeit im Nachkriegsdeutschland eine bedeutende Rolle spielten oder errichtet hatten. Unter anderem ist als Beitrag zu dieser Haltung das DFG Projekt „Bauten der Besatzungszeit in Westdeutschland (1945–55). Das Erbe der Demokratisierung in der architektonischen Landschaft Deutschlands“ entstanden, in dem die vorliegende Masterarbeit ihren Ursprung findet.[8] Das Projekt ist unter der Leitung von Prof. Dr. Johanna Blokker sowie dem Postdoktoranden Dr. Antoine Beaudoin durchgeführt und von der Autorin dieser Masterarbeit und wissenschaftlichen Hilfskraft, Danica Petrović, unterstützt.

Die Forschung widmet sich der Analyse von Bauwerken, die sowohl durch die Förderung als auch durch die Unterstützung der Alliierten errichtet oder saniert wurden, und erforscht gleichzeitig die historischen Hintergründe und zugrunde liegenden Konzepte.

Das Vorhaben des Projektes „Bauten der Besatzungszeit in Westdeutschland“ leistet seinen Beitrag zur Erweiterung der Definition von Vermittlungsorten und strebt an, dass die Liste der OdD auch Objekte umfasst, die nicht ausschließlich den vorgeschriebenen Kriterien der AG OdD entsprechen.[9] Das Ziel ist, dass die ausgewählten Objekte die Alltagsgegenstände repräsentieren, die pädagogischen, gesundheitlichen, kulturellen, militärischen, sportlichen, religiösen oder wohnlichen Zwecken dienen. Dadurch liegt der Fokus des Projekts darauf, Bauwerke zu identifizieren, die ein integraler Bestandteil unseres Alltags und unserer Umgebung sind, jedoch von der Öffentlichkeit bislang nicht als bedeutende Orte anerkannt wurden. Hiermit wird die Erinnerung an die wichtige Rolle der Besatzungszeit für die Entwicklung der deutschen Geschichte wiederbelebt.

---

[8] Bauten der Besatzungszeit in Westdeutschland (1945–55) Das Erbe der Demokratisierung in der architektonischen Landschaft Deutschlands. [Online verfügbar unter]: https://www.b-tu.de/fg-denkmalpflege/forschung/themen-und-projekte/aktuell/bauten-der-besatzungszeit, [Zugriff und zuletzt geprüft im September 2025].

[9] Die aufgeführten Anforderungen bestimmen, dass Institutionen wie Museen, Gedenkstätten, Vereine, Forschungseinrichtungen, Gemeinden und Stiftungen die Rolle von Vermittlern übernehmen, um die Auseinandersetzung mit dem Ort als Ort der Debatte und Diskussion zu ermöglichen; Gütters. 2021. [Online verfügbar unter]: https://www.bundesregierung.de/bregde/bundesregierung/bundeskanzleramt/staatsministerin-fuer-kultur-und-medien/aktuelles/rede-vonkulturstaatsministerin-gruetters-zur-ersten-lesung-des-gesetzentwurfs-zur-errichtung-einer-stiftungorte-der-deutschen-demokratiegeschichte-1898146, [Zugriff und zuletzt geprüft im September 2025].

Das Forschungsvorhaben ist in zwei maßgebliche Forschungslinie untergliedert. Die erste widmet sich der Identifikation und Dokumentation bestehender Bauwerke, die in der Zeit der Besatzung von 1945 bis 1955 entstanden sind. Hierbei liegt der Fokus auf der Analyse ihrer Konzeption und Konstruktion. Dadurch wurde ein Katalog von Bauwerken erstellt, die die charakteristischen Merkmale erfüllen: Sie wurden von den Alliierten errichtet oder finanziell gefördert und von ihnen genutzt; sie standen in Verbindung zur Demokratisierung und Umerziehung im Nachkriegsdeutschland.

Die zweite Forschungslinie setzt sich mit den Ansätzen der „Heritage Studies" und der Performativität in der Heritage-Praxis auseinander. Ziel ist es, geeignete Strategien zur Vermittlung des Erbes zu entwickeln, die auf Orte aus der ersten Forschungslinie anwendbar sind.

Die vorliegende Masterarbeit wurde von den beiden Forschungslinien geprägt. Die methodischen Strategien des ersten Ansatzes, insbesondere die Archivarbeit, Vor-Ort-Untersuchungen sowie Gespräche mit Zeitzeugen und Experten, die an der Gestaltung und Erforschung spezifischer Gebäude beteiligt waren, prägen den ersten Teil dieser Arbeit. Im Rahmen der zweiten Forschungslinie wurden die analysierten und definierten Vermittlungsstrategien zwischen dem architektonischen Objekt und den Zielgruppen in einer Fallstudie angewendet.

Die in der ersten Forschungslinie entstandene Karte mit über 300 in der Besatzungszeit errichteten, wieder gebauten oder sanierten Objekten diente als Grundlage für die Auswahl der Fallstudie für diese Arbeit (Abb. 1.1). Angesichts der Tatsache, dass nahezu 10 % der hier aufgelisteten Objekte sich in Berlin befinden, während der Rest in Westdeutschland angesiedelt ist, wurde eines der Auswahlkriterien für die Fallstudie definiert: Es sollte sich in direkter Nähe zur BTU Cottbus-Senftenberg befinden, wo diese Forschungsarbeit durchgeführt wird. Dadurch ist es möglich, den Ort mehrmals zu besuchen und die Qualität der Forschung so hoch wie möglich zu gestalten. Parallel dazu wurde als Vorgabe formuliert, dass das ausgesuchte Objekt ein verlassenes und vernachlässigtes Gebäude sein sollte, welches Raum für kreatives Denken bietet, um es in der Zukunft umzugestalten.

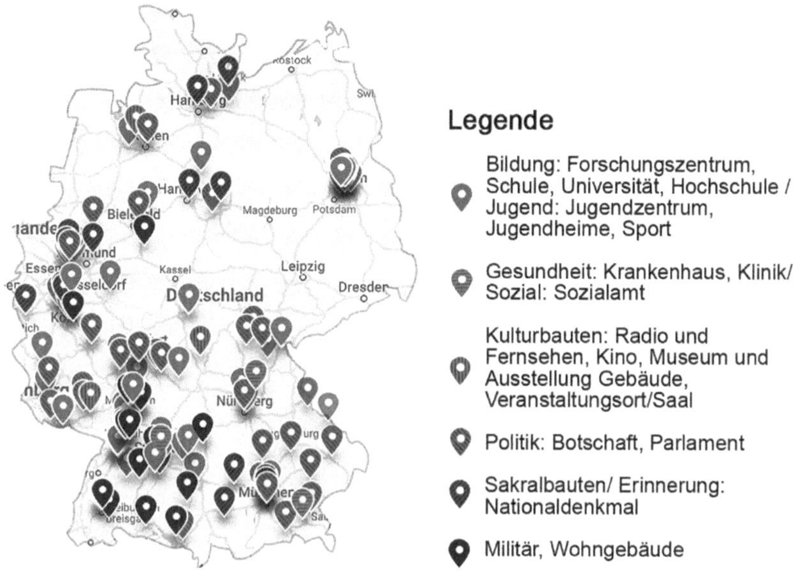

Abb. 1.1 Erste Forschungslinie des Projekts „Bauten der Besatzungszeit in Westdeutschland" – Kartierung der Orte. (Quelle: Eigene Darstellung, erstellt mit Padlet. Basiskarte: © Google Maps (2023))

1.1 Die Fallstudie Kino und Hotel „L'Aiglon"

Ein bemerkenswertes Beispiel, das den vorherigen Kriterien entspricht, ist das Gebäudeensemble Kino und Hotel „L'Aiglon", welches sich an der Adresse Kurt-Schumacher-Damm 123 in Berlin-Wedding befindet und im Jahr 1955 für die französischen Militärangehörigen im damaligen Quartier Napoléon errichtet wurde. Im Folge wird ein Einblick in die Forschung an einem Ensemble gewährt, das zwar als repräsentatives Exemplar der Nachkriegsmoderne dient, jedoch vielen in der breiteren Öffentlichkeit unbekannt ist.

Obwohl das Kino von 1955 bis 1994 ein beliebtes Freizeitzentrum für die Angehörigen der französischen Armee war und regelmäßig besucht wurde, ist vielen heutzutage der Standort des Lichtspielhauses am Kurt-Schumacher-Damm und seine Rolle in der Geschichte des Nachkriegsdeutschlands unbekannt.[10]

[10] Faust 2014, [Online verfügbar unter]: https://weddingweiser.de/der-blau-weis-rote-wedding/, [Zugriff und zuletzt geprüft im September 2025].

Gegenwärtig befindet es sich in der denkmalgeschützten Julius-Leber-Kaserne, die einst als Quartier Napoléon bekannt war. Das Kino-Gebäude, das über einen Zeitraum von 29 Jahren in Vergessenheit geraten war, ist heute gemeinsam mit dem nach wie vor in Betrieb befindlichen Gästehaus „L'Aiglon" (ehem. Hotel „L'Aiglon") unter Denkmalschutz gestellt (Abb. 1.2).[11]

Abb. 1.2 Kino und Hotel „L'Aiglon". (Quelle: S. Nazari)

1.2 Zielsetzungen

In dieser Forschungsarbeit wird eine detaillierte Ausarbeitung vorgenommen, um zu untersuchen, was die Geschichte der Nutzung und die Gründe der Vernachlässigung des Kinos in den letzten dreißig Jahren beeinflusst hat. Es wird ebenfalls untersucht, wie es dem Gebäude des Hotels gelungen ist, über all die Jahre hinweg im Betrieb zu bleiben, ohne als integraler Bestandteil des

[11] Denkmaldatenbank Teil-Nr. 09030299, T,002, Teilobjekt Kino L´Aiglon und Hotel; Ferienhäuser in Mitteldeutschland – Gästehaus „L'Aiglon", Berlin. [Online verfügbar unter]: https://sozialwerk-bfv.de/ferienhaeuser/mitteldeutschland/gaestehaus-l-aiglon-berlin, [Zugriff und zuletzt geprüft im September 2025].

Ensembles betrachtet zu werden. Innerhalb der Arbeit werden diverse Fragestellungen beleuchtet, erstens die Frage, ob die Alliierten den Film als Mittel zur Umerziehung oder Demokratisierung im Nachkriegsdeutschland einsetzen.

Ebenso wird untersucht, ob die Alliierten Einfluss auf die Gestaltung des Kinos hatten. Hierbei wird nach der Verbindung des Architekten des Kinos, Hans Wolff-Grohmann, zu den französischen Alliierten gefragt. Es wird ein Blick zurück auf die Einflüsse der Franzosen auf die architektonische Entwicklung während der Besatzungszeit, insbesondere auf den Bau dieses Kinos, geworfen. Ebenso wird hervorgehoben, welche Bedeutung das Kino in der Kinolandschaft Berlins zu jener Zeit sowie innerhalb der Kinolandschaft der französischen Alliierten hatte. Besonders herausfordernd und zielsetzend für diese Forschung ist die Tatsache, dass dieses Gebäude eine Besonderheit darstellt: Es ist eines von lediglich drei noch bestehenden Kinos in Berlin, die von den Alliierten in der Besatzungszeit errichtet wurden. Die Fragen, warum das Kino jahrelang ausschließlich für die französischen Alliierten zugänglich war, wem es während seiner Geschichte diente und weshalb es seit 1994 verlassen ist, stellen zentrale Aspekte dar, auf die diese Forschung Antworten sucht.

Diese Arbeit zielt darauf ab, die architektonische Bewertung und denkmalpflegerische Analyse des Ensembles zu liefern. Durch die Analyse der architektonischen Merkmale der 1950er-Jahre sowie der Kinos, die in dieser Zeit entstanden sind, soll untersucht werden, welche architektonischen Werte dieses Bauensembel aufweist.

Durch die Analyse der architektonischen Merkmale der 1950er-Jahre beabsichtigt diese Arbeit, verschiedene Ergebnisse zu ermitteln. Dies umfasst unter anderem die Analyse der verwendeten Materialien im Gebäude sowie die Identifikation architektonischer Eigenschaften, die in jener Epoche typisch waren. Hierbei wird auch die Untersuchung der Einflüsse der Kinoarchitektur dieser Zeit einen Beitrag leisten.

Ebenso ist das Ziel, die Rolle und individuelle gestalterische Handschrift des Architekten des Ensembles, Hans Wolff-Grohmann, zu erforschen. Im Rahmen dieser Betrachtung wird eine Zeitleiste von Veränderungen erstellt, um zu verdeutlichen, wann welche Modifikationen stattgefunden haben und welche Entwicklungen im Verlauf der Zeit eingetreten sind.

Andererseits, ohne Berücksichtigung der Werte des Objekts, gestaltet es sich als unmöglich, Strategien für dessen Sanierung, Nachhaltigkeit und zukünftige Verwendung vorzuschlagen. Die Feststellung, welche Aspekte erhaltenswert sind und welche bewahrt werden sollen, bildet hierbei einen essentiellen Ausgangspunkt.

Diese Masterarbeit strebt ebenfalls an, die Entwicklung eines angemessenen Sanierungsprojekts für das Kino zu liefern, das Teil der Sanierungsprogramme im Kontext der modernen Architektur der deutschen Nachkriegszeit ist. Dabei sind Fragen bezüglich der technischen und energetischen Anforderungen der Sanierung von Bedeutung.

Zusätzlich gilt es zu untersuchen, welche Strategien für den Umgang mit der bestehenden Konstruktion und den vorhandenen Materialien in Betracht gezogen werden müssen.

Die zukünftige Fragestellung und Umnutzung betreffen verschiedene Aspekte. Die Bauwerke des vergangenen Jahrhunderts bilden eine Komponente unserer Geschichte und sollen in gewisser Weise in unseren alltäglichen Lebensraum integriert werden. Die Auseinandersetzung mit modernen Umgestaltungen, die Anpassung an neue Energiestandards, Brandschutzanforderungen und die Gewährleistung eines barrierefreien Zugangs für Menschen mit eingeschränkter Mobilität stellen Herausforderungen dar, mit denen jedes Vorhaben zur Wiederverwendung historischer Objekte konfrontiert wird.

In diesem Kontext wird in Betracht gezogen, ob dem Kino der einstige Geist wieder verliehen werden sollte. Dabei stellt sich die Frage nach der Wiedernutzung des Kinos, sowie seiner Umgebung, nach einer längeren Phase der Schließung und Vernachlässigung.

Des Weiteren wird geprüft, inwiefern die demokratischen Ideale von damals bis heute in einem neuen Nutzungskonzept für das Kino fortgeführt werden können.

Im Rahmen der Erhaltungsmaßnahmen wird die mögliche zukünftige Nutzung des Kinos und seine Erhaltung empfohlen. Dabei wird der Vorschlag an das Nachkriegs Prinzip „Demokratie als Lebensform“[12] angeknüpft, verstanden als gelebte Praxis des respektvollen Zusammenlebens. Es wird angestrebt, im Baukomplex des „L'Aiglon“ einen „Ort der Demokratie“ zu schaffen.

Die Betrachtung der zukünftigen Rolle des Kinos und die Ausarbeitung seiner Nutzungskonzeption sind ebenfalls Bestandteile der Untersuchung. Das Ziel besteht darin, der anhaltenden Vernachlässigung des Kinos ein Ende zu setzen und die Frage nach der Wiederherstellung seines einstigen Glanzes zu adressieren.

[12] „Und was heißt Demokratie als Lebensform? „Doch nur dies: dem Menschen, gleich viel wer er sei und woher er käme, als Mensch zu begegnen.“

Rede in Heilbronn beim Richtfest des Rathauses auf dem Marktplatz (16.9.1950), in: Stadtarchiv Heilbronn, Signatur ZS 10743 Heuss, Theodor. Online verfügbar unter: https://www.theodor-heuss-haus.de/theodor-heuss/zitate, [Zugriff und zuletzt geprüft im September 2025].

Letztendlich verfolgt die Bauforschung des Ensembles „L'Aiglon" das Ziel, eine bisher fehlende und umfassende Dokumentation sowohl des Kinos als auch des dazugehörigen Hotels bereitzustellen. Dies soll nicht nur im Rahmen des Diskurses über die Bauten der Alliierten, sondern auch im Kontext der Kino- und Nachkriegsarchitektur Berlins geschehen.

Mit einer intensiven fünfmonatigen Arbeitsperiode, die sowohl die persönliche Vor- Ort-Besichtigung des Gebäudes als auch die gründliche Aufarbeitung der erfassten Informationen einschließt, strebt die Forschungsarbeit danach, umfassende Erkenntnisse über das Bauwerk selbst zu gewinnen und der Öffentlichkeit zur Verfügung zu stellen. Dies schließt auch mögliche Sanierungs- und Umnutzungspläne ein, die eine Weiterführung und Neubelebung des Kinos und Hotels im Sinne der architektonischen und historischen Bedeutung anstreben.

2 Demokratisierung im historischen Kontext der Alliierten und die Rolle des Films in diesem Transformationsprozess

Nach dem Ende des Zweiten Weltkriegs stand Deutschland vor einer Reihe von Herausforderungen. Diese umfassten die Einrichtung einer neuen demokratischen Ordnung nach der nationalsozialistischen Diktatur unter den Bedingungen der alliierten Besatzung, den wirtschaftlichen Wiederaufbau nach den Kriegszerstörungen sowie die Integration von Vertriebenen und Flüchtlingen.[1] Hierzu bestand ein dringender Bedarf an einer handlungsfähigen Regierung und Verwaltung, um den Wiederaufbau des Landes zu ermöglichen und letztendlich eine demokratische Identität zu formen.[2]

In dem kurzen Zeitraum war es notwendig, eine umfassende Infrastruktur aufzubauen – dazu gehörten Wohnungs- und Siedlungsbauten, Schulen, Universitäten, Fabriken, Krankenhäuser, Kirchen, Rathäuser, Verwaltungszentren und Kultureinrichtungen. Daher ist es keine Seltsamkeit, dass in diesen und den darauffolgenden Jahren in Deutschland, neben der Ära des Wirtschaftswunders, so intensiv gebaut wurde wie noch nie.[3]

Trotz der Trümmerlandschaft entstand in den frühen Jahren nach dem Kriegsende, neben wachsendem Nahrungsmangel und der dringenden Notwendigkeit des Staatswiederaufbaus, eine starke Sehnsucht nach kultureller Bereicherung.[4] Dank der Unterstützung der Alliierten wurden viele Kultureinrichtungen rasch wieder der Öffentlichkeit zugänglich gemacht.[5] Nach der Teilung Deutschlands in

---

[1] Blokker 2015b, 48.

[2] Bähr 1995, 17.

[3] Krafczyk, Knufinke 2018, 16.

[4] Glaser 1989, 296.

[5] Die Allierten erteilten relativ schnell Betriebsgenehmigungen, sodass viele Kulturgebäude wieder geöffnet sein durften; Bähr 1995, 17.

D. Petrović, *Das Kino und Hotel „L'Aiglon" in Berlin-Wedding*, BestMasters,
https://doi.org/10.1007/978-3-658-50214-0_2

die Bundesrepublik Deutschland (BRD) im Westen und die Deutsche Demokratische Republik (DDR) im Osten im Jahr 1949 spiegelten die Kulturinstitutionen ebenfalls diese Spaltung wider und übernahmen eine ideologische Rolle innerhalb der politischen Gesellschaft.[6] Im Osten wurde Kunst eng mit dem sozialistischen Gedankengut verknüpft, während sie im Westen eher als Ausdruck und Symbol politischer Freiheit interpretiert wurde.[7]

Jedoch orientierten sich die neuen Entwürfe, sowohl im Osten als auch im Westen, an den Prinzipien der Moderne.[8]

Die Etablierung der kulturellen Einrichtungen in West-Berlin war ein zentraler Bestandteil des amerikanischen außenpolitischen Programms[9], die unter der Leitung von Eleanor Dulles, der Schwester des damaligen US-Außenministers und CIA-Direktors Allen Dulles, durchgeführt wurde.[10] Als Symbol für dieses kulturelle Vorhaben und die städtische Entwicklung wurde im Jahr 1957 die Berliner Kongresshalle – das Haus der Kulturen der Welt – errichtet, als Gabe der Amerikaner an West-Berlin.[11]

Vor dem Ausbruch des Zweiten Weltkriegs erlebte die deutsche Filmindustrie einen Aufschwung und trug maßgeblich zur Devisenquelle des Landes bei, wobei sie sogar die zweitgrößte Einnahmequelle darstellte.[12] Konkrete Gestaltungsrichtlinien für Kinos existierten nicht, doch ließ man sich von den technologischen Fortschritten und den aktuellen Tendenzen der jeweiligen Zeit leiten.[13] Parallel dazu existierte eine festgelegte Kinopolitik. Die Filmstrategie der Alliierten nach dem Krieg basierte auf dem Potsdamer Abkommen, das im Jahr 1945 von

---

[6] Bähr 1995, 17.

[7] Von Buttlar, Wittmann-Englert, Dolff-Bonekämper 2013, 62.

[8] Jokilehto 2003, 107.

[9] An diesem Punkt kann man auch auf das Vorhandensein unterschiedlicher Behörden hinweisen, die die Architektur nutzen, um die kulturellen und diplomatischen Beziehungen zwischen den Vereinigten.

Staaten und Deutschland zu stärken. Eine solche Institution ist Education and Cultural.

Relations Division (E&CR) innerhalb des Office of Military Government.

(OMGUS), welche den Austausch zwischen der amerikanischen Besatzungsmacht und der deutschen Bevölkerung förderte. Eine weitere wichtige Einrichtung ist die Abteilung für Monuments and Fine Arts Division (MFA&A), die mit der sofortigen Sicherung von Kunstwerken und historischen Stätten betraut war. Blokker 2015a, 53.

[10] Blokker 2015b, 57, 58.

[11] Blokker 2015b, 57.

[12] Günter 1953, 273; Buchloch 2007, 164.

[13] Buchloch 2007, 164.

den siegreichen Mächten – der Sowjetunion, den Vereinigten Staaten von Amerika und Großbritannien – unterzeichnet wurde.[14] Obwohl dieses Abkommen den Filmbereich nicht direkt betraf, legte es den Grundstein für die politische Ausrichtung, insbesondere die Förderung demokratischen Denkens, „reorientation" und „reintegration".[15] Aus diesen Entwicklungen ergab sich das Konzept der „reeducation" oder der sogenannten politischen Umerziehung. Diese umfasste Bildung, kulturelles Leben und Medienentwicklung und hatte das Ziel, einen demokratischen Staat zu etablieren, der den Schutz von Minderheiten, kulturelle Vielfalt und Meinungsfreiheit sicherstellt.[16] In diesem Sinne wurde der Wiederaufbau des Kinos von der „The Information Control Division (ICD)" der US-Armee als ein Vorhaben der politischen Umerziehung angesehen.[17]

Die während des Krieges entfremdeten Kinos wurden nach Kriegsende wieder ihrer ursprünglichen Nutzung zugeführt.[18] Nach der Wiederherstellung der Stromversorgung nahmen die Kinos ihren Betrieb auf, wobei ihre Anzahl im Vergleich zur Vorkriegszeit jedoch halbiert war.[19] Kinos wurden in den ersten Jahren der Besatzung nicht gebaut, trotzdem sind sie „in den Ruinen jeder bedeutenden Stadt entstanden".[20] Die Alliierten bemühten sich, den Kinobesitzern die notwendigen Ressourcen zur Verfügung zu stellen, um den Kinobetrieb aufrechtzuerhalten.[21] Die Filmvorführungen umfassten sowohl ältere Filme der Ufa (Universum Film AG), die von den Alliierten beschlagnahmt wurden, als auch Produktionen der Siegermächte.[22] Trotz der Vorschriften lag laut dem amerikanischen Filmoffizier Robert Joseph das eigentliche Ziel darin, die Deutschen durch Kinobesuche mit Filmen und verwandten Informationsprogrammen vertrauter zu machen.[23] Überraschenderweise waren die Inhalte in den Kinos weder als Propagandainstrument gegen den Nationalsozialismus noch zur Förderung der Prinzipien des Umerziehungsprogramms gedacht.[24] Stattdessen sollten Spielfilme

[14] Buchloch 2007, 164.

[15] Mit den Zielen des Neuanfangs und der Wiederorientierung zu den demokratischen Werten der alten Tradition, Blokker 2015b, 52; Buchloch 2007, 164.

[16] Buchloh 2007,163.

[17] Hake 2002, 94.

[18] Bähr 1995,17.

[19] Spitzenorganisation der Filmwirtschaft 1957, 23; Buchloch 2007, 178.

[20] A.D. 1945, 5.

[21] Bähr 1995, 17.

[22] Hake 2002, 96.

[23] Buchloh 2007,169.

[24] Buchloh 2007,169.

positive Einstellungen zum „American Way of Life" fördern oder ein günstiges Bild von Großbritannien vermitteln.[25] Offensichtlich waren die Alliierten der Ansicht, dass Spielfilme nur begrenzten Einfluss auf die Umerziehung hatten und spielten daher im Rahmen des „Umerziehungsprogramms" eine untergeordnete Rolle.[26]

Die französische Filmpolitik wies nur geringfügige Unterschiede zur amerikanischen und britischen Politik auf. Sie war Bestandteil der Kulturabteilung der französischen Militärregierung, in der Raymond Schmittlein eine maßgebliche Rolle spielte, indem er die Bildungspolitik für Schulen und Universitäten in der Besatzungszone entwarf und überwachte.[27] Das Kulturprogramm, das aus Presse, Verlagswesen, Kino, Theater und Rundfunk bestand, wurde von der Abteilung „Propagande – Information" verwaltet, die unter der Leitung von de Lattres im Jahr 1945 gegründet wurde.[28] Deutlich betonte sie ihre Absicht, „Filme als wirksame Propagandainstrumente einzusetzen" und „der französischen Filmindustrie die feste und dauerhafte Etablierung in Deutschland zu ermöglichen".[29] Die gesetzten Ziele können in Bezug auf das Kulturpublikum Deutschlands als erfolgreich betrachtet werden.[30] Die Organisation von Filmvorführungen ermöglichte es den französischen Militärbehörden in Berlin, sowohl die Aufmerksamkeit als auch das Ansehen in der lokalen Gemeinschaft zu steigern.[31] Die rasche Wiedereröffnung von Theatern und Kinos in der französischen Besatzungszone ist auch den Anforderungen eines beträchtlichen französischen Militär- und Zivilbevölkerungsanteils in der Region entgegengekommen.[32] In den Vorführungen wurden deutsche Filme gezeigt, die von der Zensur akzeptiert wurden, sowie aktuelle französische Produktionen mit deutschen Untertiteln.[33] Anfänglich wurden die Vorführungen separat für deutsche und französische Zuschauer abgehalten, aber

[25] Buchloh 2007,169.

[26] Rühl 1982, 293–294; Buchloh 2007, 169.

[27] Cohen, Frank, Ziegler 2019, 12.

[28] Zauner 1994, 66; Plumm 2005, 35.

[29] Gouvernement Militaire de la Zone Française d'Occupation – Direction de l'Information 1947, 42.

[30] Zauner 1994, 288.

[31] Führe 2000, 80.

[32] Thies, von Daak 1991, 124.

[33] Thies, von Daak 1991, 124.

immer mit großem Interesse.[34] Die Franzosen sahen es so, dass die anderen Alliierten sie mit Neid betrachteten, da sie aufgrund ihrer Filmpolitik die Zustimmung der deutschen Bevölkerung gewonnen hatten.[35]

Für etwa zweieinhalb Jahre, bis 1948, lag die Filmverteilung in den Händen der Militärregierungen, wobei die Franzosen die „International Film Alliance" (IFA) gründeten, die Amerikaner den „Allgemeinen Filmvertrieb" (AFI) und die Briten die „General Film Distribution" (auch als „AFI" bekannt).[36] Erst nach der Teilung Deutschlands im Jahr 1949 wurde der Film vermehrt als ideologisches Medium eingesetzt, indem mobile Kinos und kostengünstige Grenzkinos entlang der Sektorengrenze versuchten, Zuschauer aus dem Osten anzulocken.[37]

Zusammenfassend lässt sich feststellen, dass die Schritte der Alliierten aus ökonomischer Sicht zu einer Zersplitterung der deutschen Filmindustrie führten und insbesondere die Produktion von deutschen Filmen reduzierten.[38] Gleichzeitig ebneten diese Maßnahmen ausländischen Filmunternehmen den Weg zu einer beherrschenden Position auf dem deutschen Markt, wodurch sie ihre Vertriebschancen erheblich ausbauen konnten.[39]

In der Berliner Kinolandschaft, die von Alliierten gebaut wurde, zeichneten sich die folgenden Kinos aus: von den Briten „Oberon" und „Puck" (Soldatenkino), von den Amerikanern das „Onkel Tom"-Kino (Zehlendorf), das bis zum Bau des „Outposts" und „Columbia" am Tempelhof genutzt wurde und von den Franzosen das Kino „L'Aiglon" und „Cine Paris". Nur noch vier dieser Gebäude existieren heutzutage. „L'Aiglon" und das Columbia-Kino haben immer noch die gleiche Funktion. Das Kino "Outpost" beherbergte bis vor kurzem das Alliierten-Museum, das nun auf das Gelände des ehemaligen Flughafens Tempelhof umziehen soll. Daher ist die zukünftige Nutzung des "Outpost" gerade ungewiss. Letztlich das Kino "Oberon" wurde in das Kabarett „Die Wühlmäuse" umgewandelt.[40]

[34] Thies, von Daak 1991, 124.

[35] Führe 2000, 80.

[36] Buchloh 2007, 171.

[37] Bähr 1995, 18.

[38] Buchloh 2007, 186; Gouvernement Militaire de la Zone Française d'Occupation – Direction de l'Information 1947, 45.

[39] Buchloh 2007, 186.

[40] Bähr 1995, 18.

3 Die Entwicklung des Kinos als architektonischer Bautyp

Im März 1895 wurde ein bedeutender Meilenstein in der Entwicklung der Kinogeschichte markiert, als die Brüder Auguste und Louis Lumière ihre revolutionäre Innovation, den „Cinématographe“, vor einem faszinierten Fachpublikum präsentierten.[1]

Diese innovative Vorführung legte den Grundstein für die kommende Ära der Filme und Kinos. Parallel dazu trieben die Brüder Skladanowsky, Max und Emil, die Kinotechnik voran.[2] Im Berliner Wintergarten an der Friedrichstraße präsentierten sie den „Bioscop“ – Filmprojektor und führten damit die ersten Filme einem breiten Publikum vor.[3]

Die folgenden Jahre sahen eine rasante technologische Entwicklung im Kinobereich, da zunehmend eine technische Unterstützung für die Filmprojektion entstand.[4]

Am Anfang des 20. Jahrhunderts wurden feste Spielstätten für Kinovorführungen geschaffen, die damals die Zentren des gesellschaftlichen Lebens waren.[5] Diese Orte dienten nicht nur der Unterhaltung, sondern ermöglichten auch die Erfassung der Welt durch visuelle Eindrücke und die Präsentation von sensationellen Filmerlebnissen.[6] Ursprünglich orientierte sich die Architektur der frühen

[1] Dauss 2023, 12.

[2] Loiperdinger 1999, 97.

[3] Loiperdinger 1999, 97.

[4] Bröcker 1995, 6.

[5] Bröcker 1995, 7.

[6] Dauss 2023,12.

D. Petrović, *Das Kino und Hotel „L'Aiglon“ in Berlin-Wedding*, BestMasters,
https://doi.org/10.1007/978-3-658-50214-0_3

Kinos am etablierten Theater Design.[7] Die Anfangsphase zeichnete sich durch ein einfaches Raumprogramm aus, das einem Theater- oder Hotelfoyer ähnelte.[8]

Neben den etablierten Kinos in festen Gebäuden gab es auch Zeltkinos und Schaubuden, die die Aufmerksamkeit auf sich zogen.[9] Die Fassaden dieser Spielorte wurden geschickt gestaltet, oft mit auffälligen Rahmen im Eingangsbereich, um die Neugier der Passanten zu wecken und sie in die magische Welt des Kinos zu locken.[10] Darüber hinaus begannen Kinos, Reklame auf den Gebäudefassaden zu positionieren, um das Publikum anzuziehen und auf kommende Vorführungen aufmerksam zu machen.[11]

Die Kinobranche erlebte verschiedene Krisenphasen in ihrer Entwicklungsgeschichte. In den 1930er-Jahren traten die ersten Herausforderungen aufgrund der wirtschaftlichen Turbulenzen auf, die durch die Weltwirtschaftskrise verursacht wurden.[12] Während des Zweiten Weltkriegs wurden Kinos zweckentfremdet und für kriegsbezogene Aktivitäten umgenutzt.[13]

Von den 1970er- bis zu den 1990er-Jahren führte die wachsende Verbreitung von Fernsehgeräten in den Haushalten zu einem Rückgang der Zuschauerzahlen in den Kinos, was zur Schließung zahlreicher Lichtspielhäuser führte.[14]

Die Kinokultur erlebte einen Niedergang, der in den späten 1990er-Jahren durch eine Welle von Umbauten und Abrissen der Kinos verstärkt wurde.[15] Diese Entwicklung wurde durch den Aufstieg neu errichteter Multiplex-Kinos verschärft, die mit den etablierten Kinos konkurrieren.[16]

Die Verwendung von Eisenskelett und Eisenbeton ermöglichte eine freie Gestaltung des Raums. Man vermied den Bau von Säulen an Stellen, die die Sicht auf die Kinoleinwand beeinträchtigen könnten.[17] Die Fassadenverkleidung verbarg die Konstruktion und ließ sich auch von Stilrichtungen wie der Warenhausarchitektur und Bürohäusern inspirieren.[18] Die inneren Räume des Kinos

---

[7] Dauss 2023, 1.

[8] Dauss 2023, 1.

[9] Bröcker 1995, 6.

[10] Bröcker 1995, 6.

[11] Dauss 2023, 6.

[12] Bröcker 1995, 6.

[13] Buchloh 2007,167.

[14] Zielinski 1989, 68–74.

[15] Von Buttlar, Wittmann-Englert, Dolff-Bonekämper 2013, 65.

[16] Von Buttlar, Wittmann-Englert, Dolff-Bonekämper 2013, 65.

[17] Von Buttlar, Wittmann-Englert, Dolff-Bonekämper 2013, 65.

[18] Bröcker 1995, 6.

wurden durch Spiegel, Paneele, Veloursteppiche und bequeme Sitze geprägt, oft in den Farben Rot und Gold.[19] Besonderes Augenmerk lag auf dem Herzstück des Gebäudes – dem Saal, oft mit Holzlattenverkleidung an den Wänden. Sie erforderten wie im Theater ähnliche Sichtlinien, eine gute Akustik und Elemente wie Sprechbühnen, ähnlich den Anforderungen von Konzert- und Opernhäusern. Die Beleuchtung im Kino schuf eine festliche Atmosphäre. Die Gestaltung der Wände umfasste oft dunkle Violett-, Grau-, oder fast schwarze Farbtöne, um eine bestimmte Stimmung zu erzeugen.[20]

Die Geschichte des Kinos spiegelt die evolutionäre Entwicklung der Unterhaltungsindustrie wider, von den frühen bewegten Bildern und Stummfilmen bis zur heutigen hochmodernen digitalen Technologie. Architektonisch zeichnet sich das Kino durch seine Anpassungsfähigkeit aus, von opulenten Theatern im Art-déco-Stil bis hin zu modernen Multiplex-Komplexen mit digitalen Projektionssystemen, die ein vielfältiges Publikum ansprechen. Diese Verbindung von Geschichte und Architektur verdeutlicht, wie das Kino als kulturelle Institution kontinuierlich die Bedürfnisse und Vorlieben der Gesellschaft widerspiegelt und gleichzeitig technologische Fortschritte integriert.

---

[19] Bröcker 1995, 6.

[20] Bröcker 1995, 6.

4 Urbane Kontextualisierung: Das Kino „L'Aiglon" im Zusammenhang mit den französischen Alliierten in Berlin

Die Teilung Berlins in drei Sektoren wurde im Oktober 1943 durch das Londoner Abkommen beschlossen. Die französischen Vertreter waren nicht in die gemeinsamen Anstrengungen der Alliierten zur Ausgestaltung einer politischen Strategie für Deutschland eingebunden. Daher wurden ihnen auch keine Einladungen zu den maßgeblichen Konferenzen in Jalta und Potsdam erteilt, bei denen diese Strategie erörtert wurde.

Die alliierten Bombardierungen im Jahr 1945 hinterließen Berlin als eine Stadt der Trümmer. Infolgedessen wurde die Stadt in drei Abschnitte unterteilt: Der amerikanische Sektor umfasste Neukölln, Kreuzberg, Tempelhof, Schöneberg, Steglitz und Zehlendorf, der britische Sektor erstreckte sich über Tiergarten, Charlottenburg, Wilmersdorf und Spandau, der sowjetische Sektor umfasste Mitte, Prenzlauer Berg, Pankow, Weißensee, Friedrichshain, Lichtenberg, Treptow und Köpenick. Diese Aufteilung markierte nicht nur die physische Trennung der Stadt, sondern auch ihre Rolle als Dreh- und Angelpunkt der sowjetischen Besatzungszone und war bekannt als Brennpunkt des „Kalten Krieges".[1] Erst nach wiederholtem Drängen seitens Großbritanniens wurde Frankreich schließlich in den Kreis der Siegermächte aufgenommen.[2] Diese Entscheidung resultierte daraus, dass Großbritannien erkannte, dass die geografische Nähe Frankreichs zu Deutschland es befähigen könnte, etwaigen zukünftigen Störungen des europäischen Friedens seitens Deutschlands entgegenzuwirken.[3]

[1] Bähr 1995,17.

[2] Führe 2000, 78.

[3] Führe 2000, 78.

D. Petrović, *Das Kino und Hotel „L'Aiglon" in Berlin-Wedding*, BestMasters,
https://doi.org/10.1007/978-3-658-50214-0_4

Drei Monate nach der Ratifizierung des Potsdamer Abkommens zogen sich britische Truppen aus den Randgebieten Berlins in Reinickendorf und Wedding zurück und übergaben sie an Frankreich.[4] Am 12.08.1945 übernahmen die französischen Streitkräfte dann offiziell ihre Sektoren von den Briten in einer Parade, die in Berlin-Wedding stattfand.[5]

Um eine reibungslose Funktionsweise der beiden Stadtteile im französischen Besatzung Sektor Berlins zu gewährleisten, war die Errichtung einer entsprechenden Infrastruktur von entscheidender Bedeutung. Hierbei spielten vor allem der Bahnhof und der Flughafen eine zentrale Rolle.

4.1 Einrichtungen der französischen Alliierten in Berlin

4.1.1 Infrastruktur

Im Sommer 1948, zu Beginn der Berliner Blockade und im Zuge der Unterstützung der Berliner Luftbrücke, wurde der Bau des Flughafens auf dem Areal in Berlin-Tegel innerhalb von drei Monaten abgeschlossen.[6] Nachdem die Blockade beendet war, wurde die Verantwortung für den Flughafen Tegel, mitsamt des gesamten zivilen Luftverkehrs, der ab 1960 betrieben wurde, der französischen Luftwaffe übertragen.[7]

Seit dem Jahr 2019 steht das gesamte Ensemble des Flughafens unter Denkmalschutz.[8] Bis zum Abschluss des Jahres 2020 wirkte es in der Rolle eines internationalen Flughafens, bevor es seine Betriebstätigkeit einstellte.[9]

---

[4] Buchloh 2007,167.

[5] Buchloh 2007,167.

[6] Seidler 2007, 1

[7] Seidler 2007, 1

[8] Denkmaldatenbank Teil-Nr. 09097873, Luftbrückenflughafen, [Online verfügbar unter]: https://denkmaldatenbank.berlin.de/daobj.php?obj_dok_nr=09097873, [Zugriff und zuletzt geprüft im September 2025].

[9] Denkmaldatenbank Teil-Nr. 09097873, Luftbrückenflughafen, [Online verfügbar unter]: https://denkmaldatenbank.berlin.de/daobj.php?obj_dok_nr=09097873, [Zugriff und zuletzt geprüft im September 2025].

Vor der Errichtung des französischen Militärbahnhofs (Gare Française Berlin-Tegel) in Reinickendorf im Jahr 1947 nutzten die Franzosen den amerikanischen Bahnhof in Wannsee.[10]

Als Nachbar Deutschlands hatten die französischen Besatzungsmächte den exklusiven Vorteil einer direkten Eisenbahnverbindung zu ihrem Land.[11] Diese Verbindung wurde dreimal pro Woche genutzt und stand nicht nur den Militärangehörigen, sondern auch ihren Familienmitgliedern und Austauschstudenten zur Verfügung.[12]

4.1.2 Entstehung der Cités

Das Zentrum der französischen Besatzungsmächte in Berlin war das Quartier Napoléon, das ursprünglich als Hermann-Göring-Kaserne bekannt war und heute als Julius-Leber-Kaserne bekannt ist. Ein weiteres wichtiges französisches Zentrum befand sich in Wittenau, wo die Gendarmerie stationiert war.[13]

Neben diesen militärischen Standorten verfügten die Franzosen über Übungsplätze: den Standortübungsplatz in Heiligensee und den Elchdamm sowie den Standortübungsplatz und den Schießstand in Tegel.[14] In den 1950er-Jahren standen die französischen Besatzungsmächte aufgrund des begrenzten Wohnungsangebots vor Herausforderungen bei der Unterbringung ihres Militärpersonals und

[10] Denkmaldatenbank Teil-Nr. 09010163, Französischer Militärbahnhof, [Online verfügbar unter]: https://www.berlin.de/landesdenkmalamt/denkmale/highlight-denkmale-der-alliierten/frankreich/reinickendorf/franzoesischer-militaerbahnhof-647687.php, [Zugriff und zuletzt geprüft im September 2025].

[11] Denkmaldatenbank Teil-Nr. 09010163, Französischer Militärbahnhof, [Online verfügbar unter]: https://www.berlin.de/landesdenkmalamt/denkmale/highlight-denkmale-der-alliierten/frankreich/reinickendorf/franzoesischer-militaerbahnhof-647687.php, [Zugriff und zuletzt geprüft im September 2025].

[12] Denkmaldatenbank Teil-Nr. 09010163, Französischer Militärbahnhof, [Online verfügbar unter]: https://www.berlin.de/landesdenkmalamt/denkmale/highlight-denkmale-der-alliierten/frankreich/reinickendorf/franzoesischer-militaerbahnhof-647687.php, [Zugriff und zuletzt geprüft im September 2025].

[13] Cités, [Online verfügbar unter]: https://www.berlin.de/landesdenkmalamt/denkmale/highlightdenkmale-der-alliierten/frankreich/reinickendorf/cites-647646.php, [Zugriff und zuletzt geprüft im September 2025].

[14] Cités, [Online verfügbar unter]: https://www.berlin.de/landesdenkmalamt/denkmale/highlightdenkmale-der-alliierten/frankreich/reinickendorf/cites-647646.php, [Zugriff und zuletzt geprüft im September 2025].

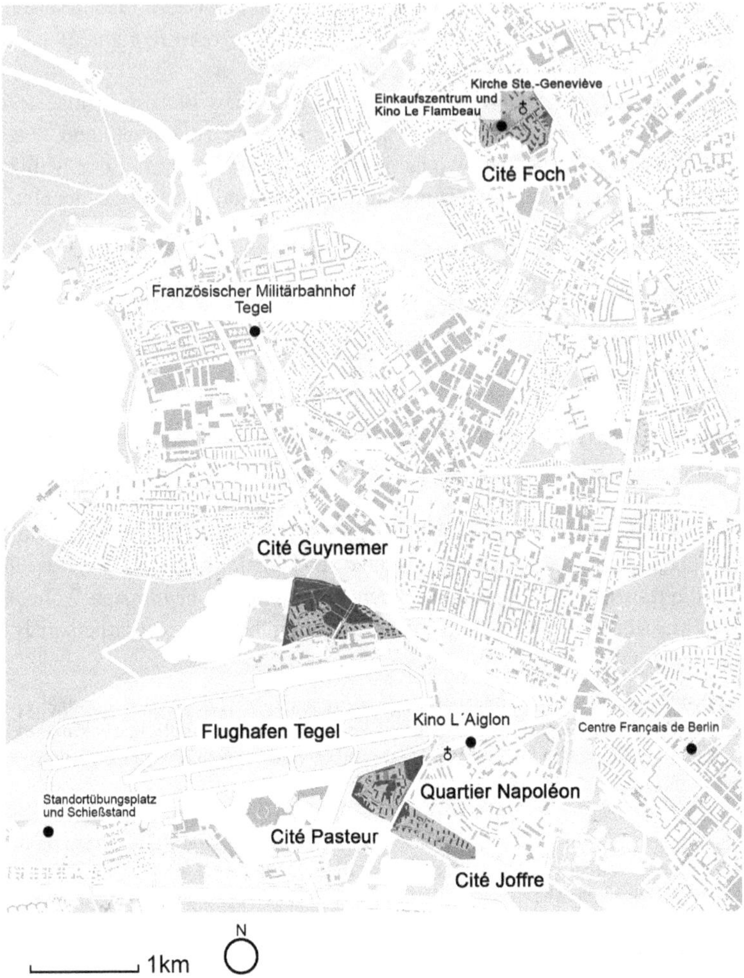

Abb. 4.1 Teilplan der Einrichtungen der französischen Alliierten in Berlin. (Quelle: Quelle: Eigene Darstellung. Basiskarte: © Google Maps (2023))

ihrer Familien.[15] Zunächst wurden vom Bezirk Reinickendorf für diese Zwecke Beschlagnahmungen von Wohnungen beantragt.[16] Doch sobald die finanziellen Mittel zur Verfügung standen, wurden gezielt französische Siedlungen, bekannt als „Cités“, geschaffen.[17] Vier Wohnsiedlungen sind gebaut, die um das Quartier Napoléon und den Flughafen Tegel herum errichtet wurden: Cité Pasteur, Cité Guynemer, Cité Berthézène und Cité Guynemer. (Abb. 4.1)

Im Gegensatz dazu befand sich die Cité Foch im nördlichen Teil des französischen Sektors, in Wittenau, wo das Hauptquartier der Gendarmerie etabliert war. In allen „Cités“ waren die Straßennamen in französischer Sprache gehalten, von denen einige bis heute erhalten sind.[18] Familien fanden überwiegend Unterkunft in der Cité Foch, während alleinstehende Personen in der Cité Joffre untergebracht wurden.[19] Die ersten vier Siedlungen wiesen eine gemeinsame Nutzung von Bildungseinrichtungen, Turnhallen, Handelsstätten und Freizeitinfrastrukturen auf, während sich all diese Einrichtungen im Zentrum der Cité Foch befanden. Innerhalb der Cité Foch gab es Schulen, ein Einkaufszentrum mit Kino, eine Kirche und ein Hallenbad. In den letzten Jahren wurden umfangreiche Sanierungen und Umbauten an dieser Siedlung vorgenommen, bei denen einige dieser speziellen Anlagen abgerissen wurden.[20] Besonders bemerkenswert unter den speziell errichteten Freizeiteinrichtungen für die Soldaten in der Cité Guynemer ist der immer noch existierende Club „Bouliste de Berlin“.[21] In der Cité Joffre, die sich direkt bei der Kaserne befand, wurden gegen Anfang der 2000er-Jahre Straßennamen an deutsche Vorschriften angepasst, wobei „Avenue“ durch „Platz“ ersetzt wurde.[22] Die Cité Pasteur ist aktuell Bestandteil des neuen Entwicklungsplans für das Gelände des ehemaligen Flughafens Tegel.[23]

---

[15] Führe 2000, 78.

[16] Führe 2000, 78.

[17] Führe 2000, 78.

[18] Duchêne-Lacroix 2006, 243.

[19] Faust 2014, [Online verfügbar unter]: https://weddingweiser.de/der-blau-weis-rote-wedding/, [Zugriff und zuletzt geprüft im September 2025].

[20] Feierliche Grundsteinlegung in der Cité Foch, [Online verfügbar unter]: https://www.berlin.de/ba-reinickendorf/aktuelles/pressemitteilungen/2022/pressemitteilung.1255736.php, [Zugriff und zuletzt geprüft im September 2025].

[21] Club Bouliste de Berlin, [Online verfügbar unter]: https://club-bouliste.de/unser-club/historie/, [Zugriff und zuletzt geprüft im September 2025].

[22] Arbinger 2000, [Online verfügbar unter]: https://www.tagesspiegel.de/berlin/wedding-die-avenueverschwindet-vom-strassenschild-739225.html, [Zugriff und zuletzt geprüft im September 2025].

[23] Senatsverwaltung für Stadtentwicklung, Bauen und Wohnen 2013, 11.

4.2 Französische Kulturpolitik während der Besatzungszeit

Wie mehrfach betont wurde, umfasste die Entnazifizierung auch die Förderung von kulturellen Unternehmungen. Die „Mission Culturelle", eine französische Arbeitsgruppe zur Förderung von Kultur, die im Jahr 1946 in Berlin ins Leben gerufen wurde, hatte die Verantwortung, sowohl die deutsche Bevölkerung als auch die anderen Besatzungsmächte auf die Vielfalt der französischen Kultur hinzuweisen.[24] Dies kam den Franzosen entgegen, da kulturelle Initiativen einen bedeutenden Platz im Alltagsleben der deutschen Bevölkerung einnahmen.[25] Bereits im Jahr 1945 führten die Franzosen Renovierungsarbeiten in 28 Kinos durch.[26] Diese Tendenz setzten sie in den folgenden Jahren fort, indem sie bestehende Gebäude modernisierten und zugleich neu errichteten. Im Jahr 1950 erfolgte die Errichtung der „Maison de France" am Kurfürstendamm als Anbau an ein bereits vorhandenes Gebäude an derselben Straße. Bis zum heutigen Tag ist dieses Gebäude in Betrieb. Vier Jahre später wurde das Militärkino „L'Aiglon" errichtet. Anfang der 1960er-Jahre entstand in der Müllerstraße das „Centre Français de Berlin", das nicht nur ein Kino, sondern auch ein Zentrum für kulturellen Austausch und ein Museum beherbergte. In Cité Foch wurde ein großes Einkaufszentrum mit Kino Flambeau[27], Kultur- und Gesundheitszentrum errichtet, das jedoch aufgrund von Asbestproblemen im Jahr 2016 abgerissen werden musste.[28]

Die Franzosen haben im Kulturbereich zur Berliner Bevölkerung beigetragen, indem sie Französischkurse angeboten haben.[29] Sie organisierten Konzerte und Vorträge, übersetzten französische Literatur ins Deutsche, um sie als Lektüre der lokalen Bevölkerung nahezulegen.[30]

Auf diese Weise entwickelte sich ein starkes Interesse an französischer Literatur, die ab 1947 zur Gründung von Bibliotheken führte, darunter besonders

[24] Zauner 1994,16.

[25] Führe 2000, 79.

[26] Genton 1998, 136; Führe 2000, 79.

[27] Kino Flambeau wurde erst in den 1980er-Jahren gebaut.

[28] During 2014, [Online verfügbar unter]: https://www.tagesspiegel.de/berlin/marodeseinkaufszentrum-wird-abgerissen-3575881.html, [Zugriff und zuletzt geprüft im September 2025].

[29] Zauner 1994, 266.

[30] Führe 2000, 79.

bemerkenswert waren die am Wedding und die „Maison de France“ am Kurfürstendamm.[31] Im gleichen Jahr wurde das erste „Centre Culturel Français“ in der Badstraße 10 gegründet, das im Jahr 1961 an die Adresse Müllerstraße 74 verlegt wurde.[32]

Ein weiterer begehrter Treffpunkt für kulturelle Begegnungen fand sich im „Centre Bagatelle“ in Frohnau, das gleichzeitig als Sitz des französischen Kulturzentrums „Centre Culturel de Reinickendorf“ diente.[33] Dieses historische Kulturhaus steht heute unter Denkmalschutz und bietet noch immer ein vielfältiges Kulturangebot mit Konzerten, Lesungen, Vorträgen und Ausstellungen.

Viele dieser Einrichtungen waren in jüngerer Vergangenheit, genauer gesagt nach 1994, nachdem die Alliierten Berlin verlassen hatten, mit zahlreichen drohenden Schließungen konfrontiert.

Einige Gebäude, wie etwa in Cité Foch, wurden abgerissen, während die „Maison Française“ und das Kulturhaus „Centre Bagatelle“ gemeinsam mit zahlreichen Bürgerinitiativen erfolgreich saniert wurden und bis heute in ihrer vollen Pracht fortbestehen. Ein ähnliches Szenario der Vernachlässigung nach dem Abzug der Alliierten aus Berlin erfuhr das Kino „L'Aiglon“, welches jedoch bis heute noch nicht wiedereröffnet wurde.

4.3 Darstellung der Franzosen in Berlin

Die französischen Besatzer hatten sich oft Sorgen gemacht, dass ihre begrenzten materiellen Ressourcen sie in Berlin als Sieger weniger anerkannt machen könnten.[34] Dies wird durch ihre Befürchtung unterstrichen, dass die Berliner sie als „arme Verwandte“ der Alliierten wahrnehmen könnten.[35]

Dies spiegelte sich im äußeren Erscheinungsbild der französischen Soldaten wider, die schlecht gekleidet waren und deren Ausrüstung sich in bedauerlichem Zustand befand.[36] Dies führte bei der deutschen Bevölkerung zu einem Bild von

---

[31] Führe 2000, 80.

[32] Kommander 2006, 214.

[33] Geschichte von Kulturhaus Centre Bagatelle, [Online verfügbar unter]: https://www.centre-bagatelle.de/centre-bagatelle/ [Zugriff und zuletzt geprüft im September 2025].

[34] Führe 2000, 76.

[35] Führe 2000, 76.

[36] Henke 1982, 504.

geschwächter Autorität.[37] Es bestand die Besorgnis, dass die Franzosen Schwierigkeiten haben könnten, im Berliner Sektor demokratische und liberale politische Strukturen aufzubauen.[38]

Aufgrund der abgelegenen Lage der französischen Wohnsiedlungen war nur begrenzter Raum für spontanen Austausch vorhanden, wobei die Armeeangehörigen kein Interesse daran hatten, sich in die Berliner Gesellschaft zu integrieren.[39] Ihre Beherrschung einer anderen Sprache als Französisch war ebenfalls nicht notwendig.[40] Die in diesem Sektor ansässigen Franzosen führten ein Leben, das dem in ihrer Heimat ähnelte: Sie hatten täglichen Zugang zur französischen Presse, konnten in Supermärkten französische Lebensmittel erwerben und nahmen an Vereinsaktivitäten, diversen sozialen Veranstaltungen, Kinovorführungen teil und besuchten „Centre Culturel" und Diskotheken.[41] Demzufolge haben die Franzosen eine Strategie entwickelt, um den Problemen eines geschwächten Bildes in der Gesellschaft und einer unvollständigen gegenseitigen Anpassung zwischen der französischen und deutschen Bevölkerung entgegenzuwirken.

Sie bestand darin, öffentliche Veranstaltungen wie Paraden und das Hissen der französischen Nationalflagge auf der Siegessäule zu betonen.[42]

4.4 Der heutige Wedding

Im Verlauf seiner historischen Entwicklung hat Wedding eine Vielfalt architektonischer Facetten angenommen, die sich durch eine Mischung aus historischen Gebäuden, modernen Strukturen und urbaner Infrastruktur auszeichnen.[43] Historisch betrachtet, war der Stadtteil in Bezug auf seine Bevölkerungszusammensetzung und seine städtische Entwicklung von einer bemerkenswerten Vielfalt geprägt. Seine Wurzeln reichen bis ins 13. Jahrhundert zurück, als Wedding als Dorf gegründet wurde.[44] Erst Anfang der 17. Jahrhunderts wurde Wedding stärker

[37] Henke 1982, 505.

[38] Führe 2000, 74.

[39] Duchêne-Lacroix 2006, 243.

[40] Duchêne-Lacroix 2006, 243.

[41] Duchêne-Lacroix 2006, 243.

[42] Führe 2000, 73.

[43] Von Buttlar, Wittmann-Englert, Dolff-Bonekämper 2013, 45.

[44] Kommander 2006, 21.

besiedelt.[45] Im 19. Jahrhundert wurde es stark durch die Auswirkungen der Industrialisierung geformt.[46] In dieser Periode wurde es als „Roter Wedding“ bekannt, ein Zentrum für Arbeiter und Standort zahlreicher Fabriken und Unternehmen.[47]

Nach dem Zweiten Weltkrieg erhielt er die Bezeichnung „Der blau-weiß-rote Wedding“, da er unter französischer Alliiertenkontrolle stand.[48] Seit den 1970er-Jahren entwickelte er sich zu einem Schauplatz für die Siedlung von Gastarbeitern.[49] Heute präsentiert sich der Stadtteil mit einem Netzwerk aus Geschäften, Büros, Kunstgalerien und Kreativbüros.

In Berlin-Wedding befinden sich die verschiedenen Stadtviertel oder Nachbarschaften, die oft als „Kieze“ bezeichnet werden. Einige bekannte Kieze im Wedding sind zum Beispiel der „Osramkiez“, „Englisches Viertel“, „Afrikanisches Viertel“, „Sprengelkiez“, „Antonkiez“,(Abb. 4.2).

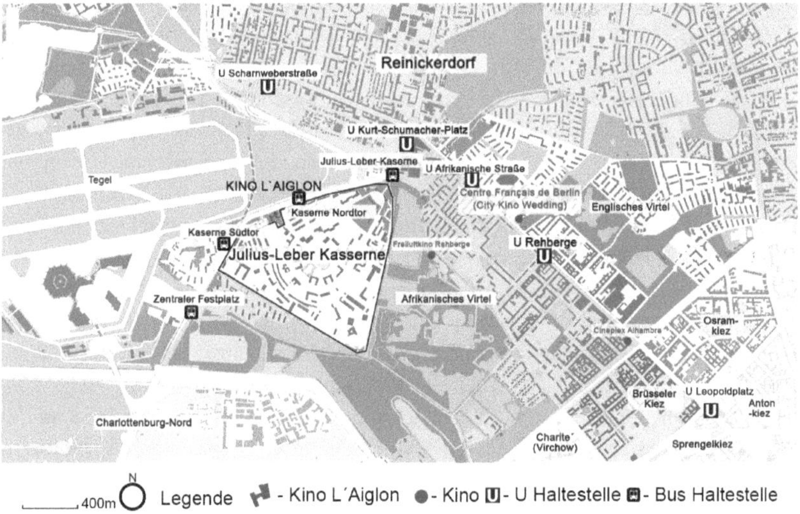

Abb. 4.2 Die Umgebung des „L’Aiglon“ in Berlin-Wedding. (Quelle: Eigene Darstellung)

[45] Reitzig 2005, 11.

[46] Reitzig 2005, 11.

[47] Zu Anfang des 20. Jahrhunderts verkörperte die rote Fahne das Symbol der Arbeiterproteste im Wedding. Kommander 2006, 87.

[48] Faust 2014, [Online verfügbar unter]: https://weddingweiser.de/der-blau-weis-rote-wedding/, [Zugriff und zuletzt geprüft im September 2025].

[49] Der Paritätische Wohlfahrtsverband Berlin 2021, 9.

Wedding ist in das städtische Verkehrssystem integriert und verfügt über zahlreiche Verbindungen zu anderen Stadtteilen. Die U-Bahnlinien U6 und U9 sowie die S-Bahn-Linien S41 und S42 ermöglichen effiziente Verbindungen zu verschiedenen Bezirken wie Mitte, Charlottenburg, Pankow, Tempelhof, Schöneberg, Friedrichshain und Lichtenberg. Neben den U- und S-Bahnen bietet Wedding ein gut ausgebautes Busnetzwerk, das weitere Verbindungen zu verschiedenen Teilen der Stadt gewährleistet.

Die räumliche Identität des Weddings wird von mehreren zentralen Ankerpunkten geformt, die charakteristisch für die städtebauliche Struktur dieses Stadtteils sind. Der Leopoldplatz sowie die Müllerstraße dienen nicht nur als Verkehrsknotenpunkte, sondern auch als Zentren sozialer Aktivitäten, die eine Vielfalt von Geschäften, Restaurants und kulturellen Einrichtungen beherbergen. Der Volkspark Rehberge mit dem Freibad am Plötzensee sowie der Schillerpark präsentieren herausragende Grünflächen im Herzen des Weddings, die für Freizeitaktivitäten genutzt werden und somit als natürliche Erholungsorte inmitten der urbanen Umgebung dienen.

Im Stadtteil Wedding sind diverse architektonische Bauwerke präsent. Das politische Zentrum, das Rathaus Wedding, präsentiert sich als imposanter neobarocker Bau. Das Institut für Bauingenieurwesen der Technischen Universität Berlin ist ein bedeutender akademischer Standort im Westen des Weddings. Es hat seinen Platz in den Räumlichkeiten der ehemaligen Großmaschinenfabrik II auf dem AEG-Gelände gefunden.

Ebenso das moderne Einkaufszentrum „Gesundbrunnen-Center“, als auch die „Schiller“-Bibliothek. Die St. Joseph-Kirche, ein neugotischer Sakralbau, bereichert das architektonische Panorama. Die Uferhallen, einst industrielle Hallen, finden heute Verwendung für kulturelle Veranstaltungen.

Im Afrikanischen Viertel befinden sich die Kinos Cineplex Alhambra und das Freiluftkino Rehberge. Das City Kino Wedding im Centre Français vervollständigt das Kinobild des Stadtteils.

Hinsichtlich der Siedlungen ragt das Afrikanische Viertel hervor, das Wohnhäuser im Kolonialstil beherbergt und an die deutsche Kolonialgeschichte erinnert.[50] Die Schillerpark-Siedlung, eine historische Ansammlung von Wohngebäuden im Stil des Neuen Bauens, wurde in den 1920er-Jahren errichtet und steht als repräsentatives Beispiel für moderne Wohnarchitektur.[51]

[50] Kommander 2006, 148.

[51] Kommander 2006, 141.

In der heutigen Zeit nimmt Wedding innerhalb des Bezirks Berlin-Mitte die Position ein, in der die höchste Anzahl von Einwohnern mit internationalen Wurzeln lebt.[52] Es wurde oft als Arbeiterbezirk angesehen, wo Menschen unterschiedlicher sozialer und kultureller Hintergründe beheimatet sind.[53]

Obwohl die französischen Einflüsse aus der Besatzungszeit allmählich verblassen, haben sie dennoch bleibende Spuren in der historischen und kulturellen Struktur des Stadtteils hinterlassen. Dies zeigt sich besonders deutlich an emblematischen Elementen wie dem kleinen Modell des Eiffelturms vor dem „Centre Français", dem „Deutsch-französischen Kindergarten" in der Afrikanischen Straße sowie der Präsenz zahlreicher Straßennamen in französischer Sprache, die auf eine kontinuierliche Verbindung zu französischen Wurzeln hinweisen. Vor dem Zugang zur Julius-Leber-Kaserne befindet sich eine von dem schweizerischen Bildhauer Max Bill geschaffene Gedenkstätte mit dem Titel „Berlin sagt Frankreich Dank".[54] Diese Skulptur wurde als Anerkennung für die in Berlin von 1945 bis 1994 stationierten französischen Streitkräfte errichtet. Sie symbolisiert standhafte Wachsamkeit gegenüber jeglicher Gefahr, den Schutz des Aufbaus deutscher Demokratie und die Sicherung der Freiheit.[55]

Seit 1994 informiert eine permanente Ausstellung im Mitte-Museum, dem ehemaligen Heimatmuseum Wedding, über die Präsenz der französischen Streitkräfte im Bezirk Wedding.[56] Diese Ausstellung fokussiert auf die Besatzungszeit und die Geschichte der zweiten Hälfte des 20. Jahrhunderts.

4.5 Die Julius-Leber-Kaserne und das ehemalige Quartier Napoléon

Die Ursprünge der heutigen Julius-Leber Kaserne reichen zurück bis zum Beginn des 19. Jahrhunderts, als sie als Areal für Schießplätze der Preußischen Artillerie und als Laboratorium genutzt wurde.[57] Im Zeitraum des Jahrhundertwechsels

[52] Statista 2024 [Online verfügbar unter]: https://de.statista.com/statistik/daten/studie/1109703/umfrage/bevoelkerung-bezirke-nachmigrationshintergrund-berlin/, [Zugriff und zuletzt geprüft im September 2025].

[53] Kommander 2006, 11.

[54] In der gegenwärtigen Betrachtung ist dieses Denkmal weniger augenscheinlich, hauptsächlich bedingt durch seine Granit-Materialisierung sowie die häufige Überwucherung durch umgebende Vegetation, wodurch es im Hintergrund verschwindet.

[55] Laut der Inschrift auf dem Denkmal.

[56] Mittemuseum [Online verfügbar unter]: https://www.mittemuseum.de/de/ausstellungen, [Zugriff und zuletzt geprüft im September 2025].

[57] Kommander 2006, 209.

diente sie in der Kapazität eines Quartiers für das erste Luftschiffer-Bataillon.[58] Einige Gebäude aus dieser Epoche, darunter das Verwaltungsgebäude und das Offizierskasino, wurden erhalten, sind nach wie vor sichtbar und werden gegenwärtig weiterhin genutzt.[59]

Durch die Ankunft des Zeppelins Z3 im Jahr 1900 wurde dieses Areal offiziell zum ersten Flughafen Berlins.[60] Während der Zeit der nationalsozialistischen Herrschaft entstand auf dem Gelände eine Soldatenstadt mit 130 Gebäuden, die Kaserne für das Luftwaffen-Infanterie-Regiment, wo General Göring diente.[61]

Die landschaftliche Lage und die ästhetische Gestaltung dieser Anlage ähnelten dem Konzept der Gartenstadt, das in den 1930er-Jahren in ganz Europa weit verbreitet war.[62]

Dadurch entstand für die Soldaten ein vertrautes Ambiente.[63] Nach dem Abschluss des Zweiten Weltkriegs diente diese Kaserne als Hauptquartier der französischen alliierten Truppen in Berlin als Quartier Napoléon. Obwohl sie sie verlassen vorgefunden haben, war die Anlage teilweise in einem bemerkenswert guten Zustand, während der Rest schwer beschädigt war.[64] Bis 1952 haben die Franzosen Renovierungsarbeiten an den Gebäuden und den Grünanlagen durchgeführt, wodurch sie der Kaserne ihr ursprüngliches Erscheinungsbild als Gartenstadt zurückgegeben haben.[65] Nach dem Rückzug der alliierten Truppen im Jahr 1994 wurde das Areal Quartier Napoléon in den Besitz der

---

[58] Kommander 2006, 209.

[59] Denkmaldatenbank Teil-Nr. 09030299,T, Julius-Leber-Kaserne [Online verfügbar unter]: https://denkmaldatenbank.berlin.de/daobj.php?obj_dok_nr=09030299, [Zugriff und zuletzt geprüft im September 2025].

[60] Denkmaldatenbank Teil-Nr. 09030299,T, Julius-Leber-Kaserne [Online verfügbar unter]: https://denkmaldatenbank.berlin.de/daobj.php?obj_dok_nr=09030299, [Zugriff und zuletzt geprüft im September 2025].

[61] Kommander 2006, 209.

[62] Das ursprüngliche Konzept der Gartenstadt von Ebenezer Howard aus dem Jahr 1902, Denkmaldatenbank Teil-Nr. 09030299,T, Julius-Leber-Kaserne.

[63] Das Modell der Gartenstadt, das im Jahr 1898 von Ebenezer Howard entworfen wurde, war ein Prototyp für die Entwicklung von Großstädten, die rasch wachsen. Dieses Konzept fand auch in Deutschland weite Verbreitung, wie auch im Rest Europas. Denkmaldatenbank Teil-Nr. 09030299, T, Julius-Leber-Kaserne.

[64] Denkmaldatenbank Teil-Nr. 09030299,T, Julius-Leber-Kaserne.

[65] Kommander 2006, 210.

Bundeswehr überführt und heute gilt die Julius-Leber-Kaserne als der größte Bundeswehrstandort in Berlin.[66]

Die Julius-Leber-Kaserne ist eine dreieckige Anlage, die von einer Mauer im Nordwesten entlang der Kurt-Schumacher-Straße und im Süden und Osten von der Charles-Corcelle-Ring-Straße umschlossen wurde. Die Kaserne verfügt über einen monumentalen Eingang in unmittelbarer Nähe des Kurt-Schumacher-Platzes, auch als „Kutschi“ bekannt. Die Anlage ist durch eine zentrale Achse symmetrisch geteilt, die sich bis zum Hauptplatz der Kaserne erstreckt, der das Zentrum der Anlage bildet. An diesem Hauptplatz befinden sich zwei Turnhallen und ein Heilbad. Südlich des Hauptplatzes erstreckt sich eine große Freifläche. Die südliche Ringstraße verläuft halbkreisförmig und ermöglicht den Zugang zu verschiedenen Truppenunterkünften und Versorgungseinrichtungen. Diese gestalterische Symmetrie grenzt die Wohnbereiche, Verwaltung und Freiflächen klar voneinander ab. Die meisten Kasernengebäude sind in Spiegelsymmetrie zur Mittelachse angelegt, was zu einem harmonischen Gesamterscheinungsbild und einer

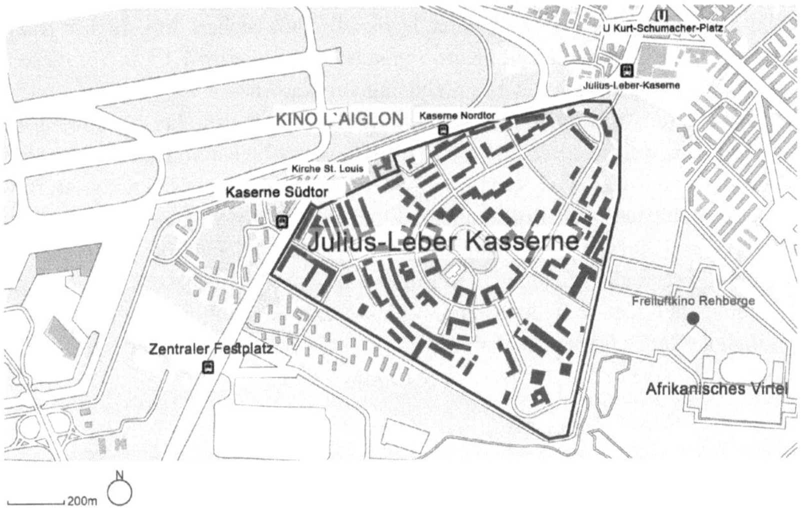

Abb. 4.3 Der gegenwärtige Lageplan der Julius-Leber-Kaserne und ihrer Umgebung. (Quelle: Eigene Darstellung)

66 Denkmaldatenbank Teil-Nr. 09030299,T, Julius-Leber-Kaserne, [Online verfügbar unter]: https://denkmaldatenbank.berlin.de/daobj.php?obj_dok_nr=09030299, [Zugriff und zuletzt geprüft im September 2025].

deutlichen organisatorischen Struktur führt: Die Julius-Leber-Kaserne ist heute das Denkmalschutz-Ensemble unter der Verantwortung des Landesdenkmalamts Berlin, wobei das Kino „L'Aiglon" und die St. Louis- Kirche als Teilobjekte geschützt sind (Abb. 4.3).[67]

4.6 Lage des Kinos und Hotels „L'Aiglon"

Das Kino und Hotel „L'Aiglon" im Stadtteil Wedding befindet sich an der Übergangsgrenze zwischen den Bezirken Reinickendorf und Wedding im nördlichen Teil Berlins. Eingebettet in das Areal der gegenwärtigen Julius-Leber-Kaserne befindet sich das Kino, jedoch außerhalb der umgebenen Mauern des Kasernengeländes. Trotzdem sind die beiden Anlagen durch einen direkten Zugang von der östlichen Seite des Ensemble-Geländes zum Kasernengelände miteinander verbunden.

Das Kino und das Hotel liegen gegenüber dem Flughafen Tegel. Auf der Westseite werden sie durch eine Kirche sowie die benachbarte Villa der Gemeinde in Berlin e. V. begrenzt, die beide unter Denkmalschutz stehen. In östlicher Richtung beträgt die Entfernung zum Kurt-Schumacher-Platz etwa 1,1 km. Vor diesem Platz befindet sich zudem der Haupteingang zur Kaserne.

Die Adresse, Kurt-Schumacher-Damm 123, stellt eine direkte Anbindung an die A111 dar, welche als Autobahnzubringer zum Flughafen Tegel dient. Dies eröffnet eine unmittelbare Verknüpfung zu den nördlichen Stadtteilen Berlins und darüber hinaus nach Brandenburg. Eine weitere Verkehrsanbindung erfolgt über die A100, auch als Autobahnzubringer Spandau bekannt, die das Kino mit anderen südwestlichen Stadtteilen verbindet. Ergänzend zu dieser Fernverkehrsverbindung befindet sich der Standort des Kinos in unmittelbarer Nähe zum U-Bahnhof Kurt-Schumacher-Platz sowie zu den Haltestellen mehrerer Buslinien, darunter die Haltestellen der Buslinien 128 und M21.

[67] Denkmaldatenbank Teil-Nr. 09030299,T, Julius-Leber-Kaserne, [Online verfügbar unter]: https://denkmaldatenbank.berlin.de/daobj.php?obj_dok_nr=09030299, [Zugriff und zuletzt geprüft im September 2025].

5 Historische Entwicklung des Kinos und Hotels „L'Aiglon"

Aufgrund der „dauerhaften" Stationierung französischer Soldaten in Deutschland und Berlin nach dem Zweiten Weltkrieg war es von Bedeutung, eine vertraute Atmosphäre an ihren neuen Standorten zu schaffen. Wie bereits erwähnt, ähnelten die meisten Siedlungen der Besatzungsmächte den Städten in den Herkunftsländern der Soldaten. Dieser Ansatz fand gleichermaßen Anwendung im „Quartier Napoléon", wo den Soldaten eine Vielzahl an Freizeitaktivitäten zur Verfügung stand (einschließlich eines Schwimmbades, Veranstaltungsräumlichkeiten, einer Kirche und Einkaufsmöglichkeiten). Daher entstand die Notwendigkeit für ein Kino und Hotel für die Angehörigen des französischen Militärs, als auch für deren Gäste. Folglich war die Errichtung eines Kinos und eines Hotels sowohl für die Mitglieder der französischen Armee als auch für deren Gäste erforderlich.

5.1 Gründung und Ursprünge

Trotz der weiteren Verbreitung und Abwesenheit von Fernsehern in den Haushalten der 1950er-Jahre gehörte der Kinobesuch zu den beliebtesten Freizeitbeschäftigungen.[1] Das Projekt des Kinos und Hotels „L'Aiglon" nahm seinen Ursprung als Resultat eines von der Berliner Senatsverwaltung im Jahr 1954 veranstalteten Wettbewerbs, der auf die Bedürfnisse der Mitglieder der französischen Besatzungsmächte zugeschnitten war (Abb. 5.1).[2] Der Erste Preisträger und Autor des 1955 gebauten Gebäude-Ensembles war der Berliner Architekt Hans Wolff-Grohmann. Einer der Hauptbegründungen, warum dieses Projekt aus

[1] Ercole, Van de Vijver, Treveri Gennari, 2021, S. 397.

[2] Hotel 1954, 911.

D. Petrović, *Das Kino und Hotel „L'Aiglon" in Berlin-Wedding*, BestMasters,
https://doi.org/10.1007/978-3-658-50214-0_5

insgesamt sechs eingereichten Vorschlägen ausgewählt wurde, ist seine städtebauliche Struktur.[3] Dabei geht es zunächst einmal um das Verhältnis zum Flughafen Tegel, der nur wenige Jahre später zum Passagierflughafen wurde.[4]

Die Ansammlung von Gebäuden erhielt den Titel „L'Aiglon", wobei eine deutliche symbolische Verbindung zum Namen der Kaserne hergestellt wurde, innerhalb deren Grenzen sie errichtet wurde. Die Übersetzung aus dem Französischen enthüllt, dass „L'Aiglon" junger Adler bedeutet – ein Spitzname, der auf Napoleon II. zutraf, nach dem die Kaserne benannt wurde.

Abb. 5.1 Modell des Kinos L'Aiglon. (Quelle: Bauwelt, 1954, Heft 46, S. 911. Bildzitat nach § 51 UrhG)

5.2 Architektur durch Hans Wolff-Grohmann

Einer der Leitgedanken dieser Arbeit bestand darin, die Verknüpfung zwischen den französischen Besatzungsmächten und dem Architekten Hans Wolff-Grohmann zu untersuchen.

Ein Aspekt der französischen Politik zur Staatsbeteiligung umfasste den Bildungsaustausch zwischen beiden Nationen.[5] Dies betraf vor allem Schüler und Studenten, aber auch die Fachkräfte, die insbesondere aus Wirtschaft, Architektur und Bauwesen einbezogen wurden.[6]

Jedoch traf dies auf den Architekt, Bühnenbildner und Künstler Hans Wolff-Grohmann nicht zu. Zum Zeitpunkt der Errichtung des Kinos und des Hotels

[3] Hotel 1954, 911.

[4] Ab dem Jahr 1960 erfuhr der Flughafen Tegel eine Umwandlung in einen zivilen Flughafenbetrieb. Schon im Jahr 1953, als der Wettbewerb für das Kino und das Hotel im Quartier Napoléon ausgeschrieben wurde, zeichnete sich ab, dass der Militärflughafen zu einem Passagierflughafen umstrukturiert werden würde.

[5] Plumm 2005, 207.

[6] Plumm 2005, 207.

„L'Aiglon“ war er bereits als etablierter Berliner Architekt im Bereich Sozial- und Wohngemeinschaft bekannt und nahm häufig an Architekturwettbewerben teil. Er wurde im Jahr 1903 in Berlin geboren und hat eine künstlerische Ausbildung in der Baugewerkschule in Berlin-Charlottenburg abgeschlossen.[7] Während seiner früheren beruflichen Phase bis 1930 war er aktiv an der Gestaltung von Möbeldesigns beteiligt.[8] Erst danach hat er angefangen, in Architekturbüros tätig zu sein.[9]

In den Jahren des Nationalsozialismus arbeitete er im Reichspostministerium.[10] Nach dem Kriegsende beteiligte er sich an dem Wiederaufbau der kriegszerstörten Städte und Gebäude.[11] In den folgenden Jahren nahm er an vielen Wettbewerben teil. Daraus sind mehrere Werke entstanden, davon am bekanntesten sind: Das Kino und Hotel „L'Aiglon“ (1955), Wohnbauten in der Lepsiusstraße, Berlin-Steglitz (vor 1957), Wohnhäuser in der Gallwitzallee, Berlin-Lankwitz (1956–1958), Wohnhäuser am Hohenzollerndamm in Berlin-Wilmersdorf (vor 1959), Sanierung Kreuzberg Süd, Kottbusser Tor, Grenanderallee (1974), Goethe-Institut in Athen (1975).[12]

Bevor Wolff-Grohmann an dem Wettbewerb für „L'Aiglon“ teilgenommen hat, hat er schon gegen 200 Theaterbühnen entworfen.[13]

Im Sommer 1999, ein Jahr vor seinem Tod wurde die umfangreiche architektonische Schaffenskraft von Wolff-Grohmann (zusammen mit Gerhard Siegmann) einer Ausstellung im Berliner Kulturforum honoriert, begleitet von der Veröffentlichung eines Katalogs über sein Leben und seine Werke.[14]

Bis dato haben die Forschungen zum Bauensemble „L'Aiglon“ und seinem Schöpfer keine Anzeichen dafür gefunden, dass es auf vordefinierten französischen architektonischen Vorgaben und Einflüssen beruht. Über die Verbindung des Architekten zu den französischen Alliierten ist lediglich bekannt, dass Hans Wolff-Grohmann nach der Fertigstellung des Kinos und Hotels „L'Aiglon“, zehn

---

[7] Nach Abschluss seiner Ausbildung hat er bei mehreren Architekturbüros gearbeitet, darunter für die Architekten Alfred Grenander, Bruno Paul, Peter Behrens, Hermann Muthesius sowie Gellhorn, Evers 1999, 8.

[8] Blauert 1999, 11.

[9] Blauert 1999, 11.

[10] Blauert 1999, 25.

[11] Hier werden die Wiederaufbauarbeiten an der Schinkelschen Paulskirche in Gesundbrunnen hervorgehoben, Blauert 1999, 34.

[12] Blauert 1999.

[13] Evers 1999, 8.

[14] Staatliche Museen zu Berlin 1999, 24.

Jahre später, das Hochhaus am Handjeryplatz im Auftrag der französischen Militäradministration errichtete.[15]

Unter Berücksichtigung der kreativen Herangehensweise von Architekt Hans Wolff-Grohmann, ebenso die Ära, in der er tätig war, wird deutlich, dass er die Grundprinzipien seiner Architektur in den damaligen technischen Innovationen, Baukonstruktionen und Systeme verankert hat.[16]

Ein Beispiel dafür sind Ähnlichkeiten in seiner Architektursprache, die sich zwischen den Details des Hotels „L'Aiglon" (wie den Glasprismen vor dem Treppenhaus) und demselben Detail im zwei Jahre später realisierten Wiederaufbau des Gebäudes in der Lepsiusstraße 79 erkennen lassen.

Sein architektonischer Einfluss prägt noch heute viele Gebäude und Stadtteile Berlins und zeigt, wie Grohmann die Stadtentwicklung mit seiner visionären Gestaltung nachhaltig geprägt hat.

5.3 Fortlaufende Entwicklung von Kino und Hotel „L'Aiglon"

Die nachfolgende Darstellung der Historie des Bauensembles „L'Aiglon" ergibt sich aus einem Zeitzeugengespräch mit dem ehem. Filmvorführer Herr Alain Geliot[17] sowie eine Zusammenstellung von Quellen aus Landesdenkmalamt Berlin und Untere Denkmalschutzbehörde Berlin-Mitte, Tageszeitungen und spezialisierten Webseiten, die dem Stadtviertel gewidmet sind, in dem sich das Kino und das Hotel befinden.

Der Wettbewerb zur Errichtung eines Kinos und eines Hotels für die französischen Streitkräfte im alliierten Berlin wurde durch den Deutschen Senat ausgeschrieben und finanziell unterstützt. Das Budget für die Ensembleeinrichtung belief sich auf 850.000 Deutsche Mark.[18] Sämtliche Ausgaben wurden

[15] Blauert 1999, 24.

[16] Die Schlussfolgerungen wurden nach Rücksprache mit der Fachliteratur zur Arbeit des Architekten sowie mit den Mitarbeitern des Landesdenkmalamts Berlin gezogen.

[17] Autorin bringt ihre aufrichtige Dankbarkeit gegenüber Herrn Alain Geliot zum Ausdruck. Herr Galiot war von 1974 bis 1994 Zivilangestellte, Filmvorführer, Hausmeister und Kinobetreiber im Kino „L'Aiglon" und im Kino Flambeau in Cité Foch tätig. Herr Galiot absolvierte im Jahr 1966 eine Ausbildung zum Filmvorführer in Frankreich und begann seine berufliche Laufbahn in französischen Kinos in Berlin. Nach dem Abzug der Alliierten aus Berlin arbeitete er als Filmvorführer in der Maison Française am Kurfürstendamm.

[18] Hotel 1954, 911.

von Deutschland getragen, einschließlich die Aufwendungen für die Unterkünfte. In den Wohnsiedlungen war für die Militärangehörigen kostenfreies Wohnen vorgesehen.[19]

Nach Ablauf der Besatzungszeit im Jahr 1955 wurde im gegenseitigen Einvernehmen mit den französischen Alliierten vereinbart, dass das Bauaufsichtsamt des betreffenden Stadtbezirks daran interessiert sei, an der Gestattung von Inspektionen beteiligt zu werden. Dies sollte ermöglichen, Empfehlungen zur Behebung von potenziellen Sicherheitsrisiken für die Besucher auszusprechen.[20]

In diesem Kontext wurde unter anderem argumentiert, dass die Baupolizei in Fällen von Bauwerken, die sowohl der französischen Besatzungsmacht als auch der deutschen Öffentlichkeit zugänglich sind, involviert ist. Dagegen teilte das Gouvernement Militaire Français de Berlin im Juni 1956 mit, dass diese Kontrollen im Zusammenhang mit dem Kino „L'Aiglon" nicht durchgeführt wurden. Das bedeutet, dass die Vereinbarungen, die am 24. Mai 1955 getroffen wurden, in Bezug auf das Kino „Cinema L'Aiglon" nicht umgesetzt werden konnten.

Fünf Jahre später wurde diese Haltung erneut bekräftigt, als eine Antwort an das Bauaufsichtsamt des Stadtbezirks feststellte, dass das „Cinema „L'Aiglon" ein exterritoriales Gebiet und einzig französischen Staatsangehörigen vorbehalten" ist.[21]

Bis zum Jahr 1971 war das Kino ausschließlich für französische Soldaten, ihre Familien und Besucher aus Frankreich zugänglich.[22] Ab diesem Zeitpunkt wurde die Überprüfung der Besucher abgeschafft, und somit hatte jede Person die Möglichkeit, die Vorführungen in diesem Kino zu besuchen. Diese Maßnahme wurde im Zuge der Einführung der „Tag der offenen Tür" im Quartier Napoléon ergriffen, einer Veranstaltung, die in den nachfolgenden 23 Jahren in regelmäßigen Abständen abgehalten wurde und bei den Bewohnern West-Berlins

[19] Hotel 1954, 911.

[20] Archiv der Unteren Denkmalbehörde Berlin-Mitte, Dok. Nr. IX F 58/61, Zum Bericht von 26.6.1961, Cinema „L'Aiglon".

[21] Archiv der Unteren Denkmalbehörde Berlin-Mitte, Dok. Nr. IX F 58/61, Zum Bericht von 26.6.1961, Cinema „L'Aiglon".

[22] Die Briten bestätigen einen vergleichbaren Vorfall in ihren Dokumenten. Im Militärkino „Puck" gab es tatsächlich Bedenken seitens der Soldaten, warum die Deutschen gemeinsam mit ihnen die Vorführungen angesehen haben. Trotz dieser Bedenken wurde diese Vorgehensweise beibehalten, mit der Begründung, dass die Praxis der Integration britischer Soldaten und der deutschen Bevölkerung möglicherweise dazu beitragen könnte, „Deutsche auf den richtigen Weg zu bringen", Hodgson 1947, 22.

große Beliebtheit genoss.[23] Aus dieser Veranstaltung entwickelte sich später das gegenwärtige Deutsch-Französische Volksfest, das bis heute unter dem Namen „Berliner Volksfestsommer", südlich von der Julius-Leber Kaserne, am Zentralen Festplatz, veranstaltet wird.[24]

Im Jahr 1971 ereignete sich im Stadtteil Wedding eine bedeutsame Veranstaltung, nämlich der Besuch des ehemaligen französischen Staatspräsidenten Valéry Giscard d'Estaing.[25] ach der Wiedervereinigung bestand kein Bedarf mehr für den Dienst aller vier Besatzungsmächte. Mit dem Abzug der französischen Besatzungstruppen aus Berlin im Jahr 1994 wurde das Kino „L'Aiglon" geschlossen und nicht wieder eröffnet.

Mit dem Ende des territorialen Status der vier Mächte in Berlin wurde das Kino „L'Aiglon" nachfolgend nicht erneut in Betrieb genommen und bleibt bis heute geschlossen.

Bis zum Jahr 2006 nutzte der Bundeswehrchor das Kino für seine Proben. Bis vor einem Monat lag die Verwaltung in der Zuständigkeit der Bundesanstalt für Immobilienaufgaben (BImA), während es gegenwärtig im Eigentum des Landes Berlin steht. Das vierstöckige Hotelgebäude ist heute Gästehaus unter der Leitung des Sozialwerks der Bundesfinanzverwaltung.

Die Verantwortung für den Verleih französischer Filme lag in der Besatzungszeit zunächst bei der „Internationalen Film-Allianz", die später im „Pallas-Filmverleih" aufging.[26] Nach dem Ende der Besatzungszeit im Jahr 1955 wurde das Kino „L'Aiglon" zu einem der 30 Mitglieder des französischen Kinonetzwerks in Deutschland. Jeder Film, der dort gezeigt wurde, stammte aus dem Filmverleihzentrum Foyer Central des FFA in Achern, einer Stadt etwa 18 Kilometer von Baden-Baden entfernt. Alle Filme wurden von Frankreich zu dieser Zentrale gesendet. Zwischen der Veröffentlichung eines Films in Frankreich und seiner ersten Vorführung in Berlin vergingen vier bis sechs Monate. Diese Filme wurden zunächst nach Berlin ins Kino „L'Aiglon", Centre Français in Wedding, Kino Flambeau und Maison de France geschickt und dort gezeigt. Nach einer bestimmten Zeit wurden sie in anderen Kinos in Süddeutschland gezeigt, wie in Folge Berlin-Freiburg-Trier-Kaiserslautern usw., und schließlich zurück

[23] Komander 2006, 216.

[24] Berliner Volksfestsommer, [Online verfügbar unter https://www.berlin.de/events/2858022-2229501-deutsch-franzoesisches-volksfest.html, [Zugriff und zuletzt geprüft im September 2025].

[25] Spaziergang mit einem Staatspräsidenten, [Online verfügbar unter]: https://weddingweiser.de/spaziergang-mit-einem-staatspraesidenten/, [Zugriff und zuletzt geprüft im September 2025].

[26] Buchloh 2007, 164.

nach Frankreich geschickt. Dies war der Fall, weil diese Kinos über die größten Kapazitäten verfügten und gleichzeitig die größten Garnisonsstädte waren. Das französische Militär zahlte für die Aufführungsrechte dieser Filme. Ab den 1980er-Jahren gelangten die Filme wesentlich schneller nach Berlin (Abb. 5.2).

Das Kinoprogramm setzte sich aus Vorführungen von Kurzfilmen, Dokumentationen, Trickfilmen und Hauptfilmen zusammen, die täglich gezeigt wurden. Tagsüber gab es ein festes Kinderprogramm, und mindestens eine Vorstellung für Kinder wurde täglich angeboten. Die Besucher konnten sich über das Filmprogramm für alle französischen Kinos in der Stadt in der französischen Zeitschrift „La Gazette de Berlin" informieren.

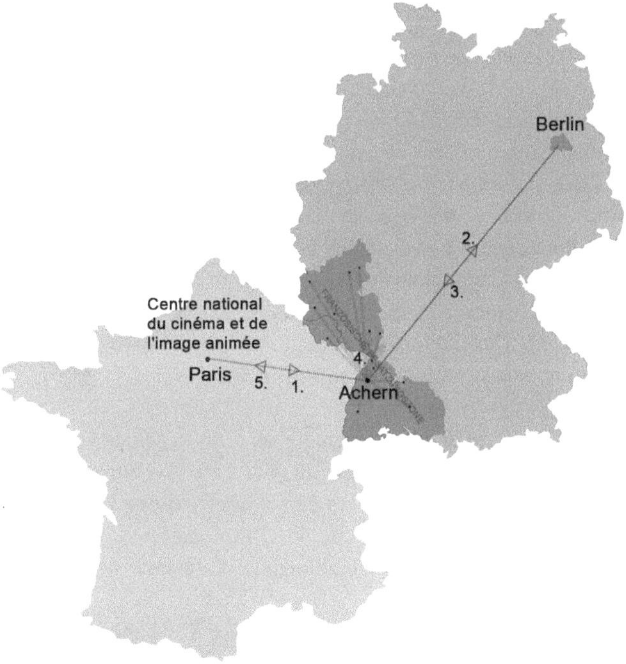

Abb. 5.2 Die Vertriebsstruktur französischer Filme, die vom Hauptquartier in Paris über die deutsche Zentrale in Achern bis nach Berlin und in andere Städte in der französischen Besatzungszone lief. (Quelle: Eigene Darstellung)

Im Kino konnte entweder mit Deutscher Mark oder auch mit französischem Franc bezahlt werden. Bis zum Jahr 1960 betrug der Eintritt für Erwachsene 1,5 Franc und für Kinder 50 Pfennig.

Nach den Abend-Vorführungen hatten die Besucher die Möglichkeit, im Foyer des Kinos Eis oder Bonbons zu erwerben. Danach setzen sie ihre soziale Interaktion auf dem Kurt-Schumacher-Platz fort.

Alle im Kino „L'Aiglon" gezeigten Filme wurden ausschließlich in französischer Sprache präsentiert. Die französische Kinematografie erlebte in den 1950er- und 1960er-Jahren eine bemerkenswerte Phase namens „La Nouvelle Vague" (Die Neue Welle), die von Regisseuren wie Jean-Luc Godard und François Truffaut geprägt wurde.[27] Diese Bewegung brachte frische Ideen und Experimente in die Filmwelt ein, wobei Godard's „À bout de souffle" (Außer Atem, 1960) und Truffaut's „Les 400 Coups" (Sie küssten und sie schlugen ihn, 1959) herausragende Beispiele sind.[28] Einer der markantesten Schauspieler jener Zeit war Jean-Paul Belmondo, der in vielen Werken der „Nouvelle Vague" mitwirkte und einen rebellischen Charme verkörperte.[29] Diese Filme und Persönlichkeiten fanden auch im Kino „L'Aiglon" ihren Platz, wo sie eine wichtige Rolle im Kulturgeschehen spielten und das Publikum mit ihrer innovativen Herangehensweise und ihrem Einfluss auf die Filmindustrie begeisterten.

Bis in die 1980er-Jahre war das Kino bei nahezu jeder Vorstellung gut besucht, da die französischen Fernsehkanäle in Deutschland erst zu dieser Zeit eingeführt wurden. Selbst nach dieser Phase verzeichnete das Kino am Wochenende eine hohe Besucherzahl. Das Kino wurde nicht nur für Filmvorführungen genutzt, sondern auch für Theateraufführungen sowie für Weihnachtsfeiern, für Kinder und Erwachsene.

Das Kino beschäftigte eine Belegschaft von 5 bis 6 Mitarbeitern, darunter ein Leiter, ein Vorführer, eine Reinigungskraft, ein Ticketverkäufer sowie Verkäufer für Desserts und Eis. Die Gehälter aller Mitarbeiter wurden von der Filmzentrale in Achern bereitgestellt, mit Ausnahme des Kinovorführers, dessen Gehalt vom Senat finanziert wurde. Die Instandhaltung der Gebäude wurde von der Stadt Berlin übernommen.

Der Hotelbetrieb im „L'Aiglon" in Berlin war vollständig unabhängig vom Kinobetrieb. Das Hotel wurde speziell für französische Gäste errichtet und die Bau- sowie Sanierungskosten wurden stets vom Berliner Senat getragen. Das Hotel bot ausschließlich Übernachtung mit Frühstück (Bed and Breakfast) an.

[27] Korn 2018, 3.

[28] Korn 2018, 3.

[29] Korn 2018, 3.

Aktuellen Berichten zufolge erinnern sich Zeitgenossen bei der Befragung zu ihrer Wahrnehmung der französischen Präsenz im Wedding vor allem an das vielfältige Kinoprogramm.[30]

Die Revitalisierung des gesamten „L'Aiglon"-Ensembles wird in den kommenden Jahren eng mit den Umbauplänen für den ehemaligen Flughafen Tegel koordiniert. In diesem Kontext ist die Entwicklung des sogenannten Schumacher Quartiers geplant, in dem etwa 9000 neue Wohnungen entstehen sollen, begleitet von einem Forschungs- und Industriepark für urbane Technologien.[31] Des Weiteren sind in direkter Nähe zum „L'Aiglon" die Quartiere Cité Pasteur und TXL Nord geplant, mit bis zu 4.000 weiteren Wohnungen. Dies lässt vermuten, dass das zukünftige Publikum für das revitalisierte Kino und Hotel hauptsächlich aus der unmittelbaren Umgebung stammen wird. Abschließend ist zu betonen, dass die bisherige Vernachlässigung des Ensembles nun beendet werden muss.

[30] Führe 2001, 1,

[31] Projekt Berlin TXL, [Online verfügbar unter]: https://www.berlin.de/sen/stadtentwicklung/staedtebau/projekt-berlin-txl/, [Zugriff und zuletzt geprüft im September 2025].

6 Architektonische Gestaltung von Kino und Hotel „L'Aiglon"

Wie bereits erwähnt, ist der Zugang zum Kino entweder direkt vom Kurt-Schumacher-Platz oder von der Autobahn A 111 aus möglich. Das „L'Aiglon"-Ensemble besteht aus zwei Gebäuden, die lediglich durch eine Überdachung miteinander verbunden sind, die von Rundsäulen getragen ist (Abb. 6.1). Das Kino selbst weist eine unregelmäßige Kubatur auf, ähnlich zwei miteinander verbundenen Trapezformen. Alle Seiten sind flach, bis auf die zur Straße hin gewandte Vorderseite, welche eine wellenförmige Struktur aufweist. Die äußere Erscheinung des Kinos „L'Aiglon" wird durch eine geschwungene Fassade geprägt.

Ursprünglich war diese Fassade mit durchsichtigem Glas verkleidet, das von dünnen Fensterprofilen umgeben war. Die horizontalen Abschnitte des Fensterglases sind in drei Bereiche unterteilt, die nebeneinander platziert sind.

Auf der rechten Seite des Gebäudes befinden sich ein flacher Seitenflügel mit gastronomischer Einrichtung und ein blockhaftes Hotelgebäude mit vier Stockwerken.

Häufig wurden die Eingänge der Kinos geschickt gestaltet, um die Zuschauer in die fesselnde Illusionswelt des Films einzuladen.[1] Ein ähnliches Konzept befindet sich auch im Kino „L'Aiglon". Die Vorderseite des Kinos ist zur Kurt-Schumacher-Straße ausgerichtet und präsentiert sich als beeindruckendes Schaustück.

Dieses Bauwerk, das ursprünglich für die Ansprüche der Soldaten konzipiert wurde, befindet sich dennoch außerhalb der Mauer der Militärkaserne und

[1] Bröcker 1995, 7.

D. Petrović, *Das Kino und Hotel „L'Aiglon" in Berlin-Wedding*, BestMasters,
https://doi.org/10.1007/978-3-658-50214-0_6

Abb. 6.1 Die Überdachung, die das Kino mit Hotel verbindet, 1955. (Quelle: Deutsche Bauzeitschrift, 6, 1958, S. 1323, Bildzitat nach § 51 UrhG)

fügt sich als ansprechend gestaltetes Kinogebäude harmonisch in das gesamte Bauensemble ein.[2]

Bereits beim Betreten fällt dem Besucher die illuminierte Aufschrift „L'Aiglon" über dem Haupteingang des Kinos auf, ein repräsentatives Beispiel für die Kinoarchitektur, deren Wurzeln bis in die 1910er-Jahre zurückreichen.[3] Der verglaste Eingang dient als Schaufenster und ermöglicht täglich wechselnde Ausstellungen von Plakaten des Filmrepertoires. Durch einen drei Meter überstehenden Vorsprung im Vergleich zur Größe des übrigen Gebäudes ragt der Eingang hervor. Er unterscheidet sich von der Verglasung, die durch stufenförmige Stahlsprossen strukturiert ist und von einem verputzten Wandband gerahmt ist. Hier befindet sich ein Ticketschalter (Abb. 6.2). Ein bemerkenswertes Element in diesem Raum sind die Lampen, die in Form eines gerahmten Trapezes mit Messing überzogen sind.

An der Seite des Kinos befinden sich zwei Eingänge zu den Kellerräumen, die vom Innenhof aus über eine Treppe erreichbar sind. Eines von ihnen sticht insbesondere durch eine Überdachung hervor, die von schlanken Metallsäulen

[2] Im darauf folgenden Abschnitt der Masterarbeit wird die Rechtfertigung für eine derartige Wahl erläutert.

[3] Bröcker 1995, 7.

Abb. 6.2 und 6.3 Eingangsbereich; Seitlicher. (Eingang Quelle: Eigene Darstellung, 05.05.2023)

Abb. 6.2 und 6.3 (Fortsetzung)

getragen wird (Abb. 6.3). Ebenso gibt es einen weiteren Eingang auf dieser Seite, der direkt zur Kinobühne führt.

Der Eingangsbereich des Kinos führt zu einem großzügigen Foyer (Abb. 6.4). An dieser Stelle erfolgt die Begrüßung der Besucher/-innen durch eine Garderobenangestellte, die eine Garderobenmarke aushändigt, die mit der entsprechenden Nummer des Kleiderhakens versehen ist (Abb. 6.5). Ebenso befindet sich hier ein Empfangstisch, der bis heute erhalten geblieben ist. Auf der rechten Seite des Tisches erstreckt sich eine Säule, die die darüber liegende Galerie stützt und mit Mosaiken verkleidet ist (Abb. 6.6). Vom Foyer aus sind zwei Eingänge zum Kinosaal zugänglich, die sich seitlich im Raum befinden. Die Eingänge zu den Herren- und Damentoiletten sind diskret hinter der Garderobe positioniert, und eine dahinter versteckte Wendeltreppe führt in den Kellerraum mit der Lüftungsanlage.

Abb. 6.4 Foyertreppen im Kino „L'Aiglon". (Quelle: Eigene Darstellung, 05.05.2023)

Abb. 6.5 Garderobe. (Quelle: Eigene Darstellung, 05.05.2023)

Abb. 6.6 Die mit Mosaik bedeckte Säule im Foyer. (Quelle: Eigene Darstellung, 05.05.2023)

In der räumlichen Gestaltung des Foyers fallen besonders die geschwungenen Treppen auf, die eine deutliche skulpturale Präsenz aufweisen. Ihr Metallhandlauf ist mit Plexiglasplatten überzogen und an einer metallischen Unterstruktur befestigt. Diese Treppe wird von einer „V"-förmigen Säule gestützt und führt zur Galerie, welche einen seitlichen Zugang zum Kinosaal ermöglicht (Abb. 6.7). In der Galerie wiederholt sich die strukturelle Gestaltung des Foyers, in welchem der vor dem Kinosaal versteckte Vorführungsraum liegt. Neben dem Saaleingang

Abb. 6.7 Die „V"-förmige Säule, die die Treppe im Foyer stützt. (Quelle: Eigene Darstellung, 05.05.2023)

Abb. 6.8 Historische Projektoren. (Quelle: Eigene Darstellung, 05.05.2023)

befinden sich zwei Räumlichkeiten für die Bühnenelemente in Form einer Lichtorgel, die mithilfe eines im Keller angebrachten TMT-Transformators gesteuert werden. Im Zentrum des Foyers befindet sich ein Raum, von dem aus Projektionen präsentiert werden. Bis zum heutigen Tag sind drei historische Projektoren erhalten geblieben, die für die Vorführungen verwendet wurden (Abb. 6.8). Auf der rechten Seite der Galerie führt ein Eingang zur Treppenraum, der zum Innenhof zwischen Kinogebäude und Hotel führt.

Das Kino bietet insgesamt 609 Sitzplätze, die auf zwei Ebenen verteilt sind (Abb. 6.9). Die Sitzgelegenheiten sind mit einer Holzkonstruktion versehen und mit künstlichem Ziegenleder in den Farben – Blau, Weiß, Rot und Gelb – bezogen. Der Boden des Saales sowie die Emporen sind absichtlich abgesenkt, um den Zuschauern uneingeschränkte Sicht auf die Bühne und die Kinoleinwand zu gewährleisten. Der Zugang zum Backstage-Bereich erfolgt über zwei Treppen.

Abb. 6.9 Bunte Sitzplätze. (Quelle: Eigene Darstellung, 05.05.2023)

Abb. 6.10 Bühne. (Quelle: Eigene Darstellung, 05.05.2023)

Hinter dem Kinovorhang verbirgt sich ein Bereich für die Bühnenvorbereitungen, in dem die Steuerung von Strom und Beleuchtung erfolgt (Abb. 6.10). Auf der rechten Seite befindet sich zusätzlich ein weiterer Ausgang aus Richtung der Bühne, sowie die Treppe zum Keller, die sowohl die Garderobe als auch die Bühnentechnik sowie den Orchestergraben erschließt.

Der überdachte Fußweg bildet die gemeinsame Verbindung zwischen dem Kino- und Hoteleingang und schafft dabei einen Innenhof im Ensemble (Abb. 6.11). Die Gestaltung der Hotelfassade ist von einer kubischen Form geprägt, mit vorwiegend quadratischen Fensteröffnungen sowie runden Öffnungen an den Positionen der Toiletten und Technikräume.

Abb. 6.11 Übergang und Hotelgebäude. (Quelle: S. Nazari)

Am Eingang des Hotels befindet sich eine Rezeption, flankiert von einer Wendeltreppe, die zu den Hotelzimmern führt (Abb. 6.12). Gegenüber der Rezeption befinden sich die Herren- und Damentoiletten. Auf der linken Seite der Rezeption erstreckt sich ein Frühstücksrestaurant.

Hinter der Wendeltreppe im Hotelfoyer liegen eine Bar und ein Leseraum, gefolgt von einer Zweizimmerwohnung, die ausschließlich vom Hinterhof der Baugruppe aus zugänglich ist. Die Bar des Restaurants ist über eine Treppe mit den Kellerräumen verbunden, in denen sich die Wäscherei bis 1994 befand, die die gesamte Quartier-Napoléon-Kaserne versorgte. Zusätzlich befinden sich hier eine kleine Küche sowie Technikräume.

Die drei Etagen des Hotels sind nach einem einheitlichen Konzept organisiert. Jede Etage umfasst acht Zimmer: sechs Einzelzimmer und eine Wohnung mit separatem Wohn- und Schlafzimmer. Die Zimmer sind durch einen Flur miteinander verbunden. Auf einer Seite des Flurs befinden sich die Haupttreppe und ein Aufzug, der alle Etagen miteinander verbindet.

Abb. 6.12 Die Wendeltreppe im Hotel-Foyer. (Quelle: Deutsche Bauzeitschrift, 6, 1958, S. 1322, Bildzitat nach § 51 UrhG)

Auf der gegenüberliegenden Seite des Flurs führt ein Rettungsweg in den Hinterhof des Bauensembles.

Dieses architektonische Arrangement spiegelt die charakteristische Designphilosophie der 1950er-Jahre wider und betont gleichzeitig die funktionalen Anforderungen des Kinos und des Hotels. Die deutliche Trennung der beiden Gebäude unterstreicht die Absicht, das Hotel exklusiv für französische Gäste zu gestalten, was im Kontrast zur damaligen politischen und sozialen Dynamik der französischen Besatzungsmacht stand.

6.1 Architektonische Eigenschaften im Kontext der anderen alliierten Kinos in Berlin

Das Bauwerk kann innerhalb des architektonischen Kontexts der 1950er-Jahre sowie in Bezug auf die Kinolandschaft Berlins betrachtet werden. Es wurde eine Vergleichsstudie der Alliierten-Kinos erstellt, wobei die zwischen 1949 und 1962 von den Alliierten errichteten architektonischen Elemente von Gebäuden einer Untersuchung unterzogen wurden (Abb. 6.13). Durch diese Analyse lassen sich deutliche Schlussfolgerungen ziehen und eine umfassende Bewertung der Kinogebäudearchitektur der 1950er-Jahre im Kontext des Ensembles „L'Aiglon" vornehmen.

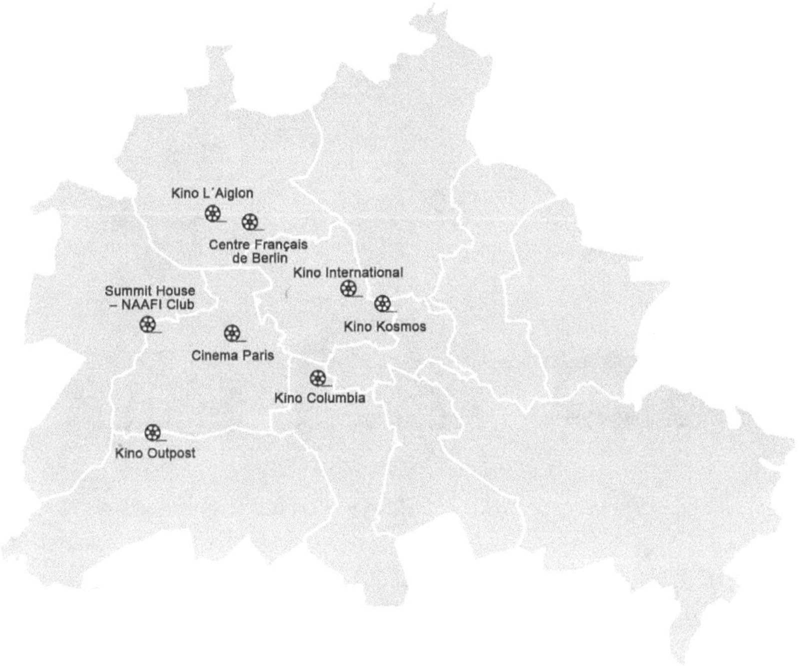

Abb. 6.13 Die Kartierung der Kinos, die von 1951 bis 1962 von den Alliierten in Berlin erbaut wurden. (Quelle: Eigene Darstellung)

Die vergleichende Analyse wurde unter Heranziehung der folgenden verwandten Kinogebäude durchgeführt. Dazu zählen das amerikanische Kino „Outpost" (heutzutage als Alliiertes Museum bekannt), das im Jahr 1953 unter der Leitung von Arnold Blauvelt an der Adresse Clayallee 135 errichtet wurde, sowie das Kino „Columbia", das im Jahr 1950 (das gegenwärtig nicht mehr für den Kinobetrieb genutzt wird, sondern als Veranstaltungsort für Konzerte dient) an der Adresse Columbiadamm 9–11 errichtet wurde.[4] Des Weiteren wird das französische „Cinema Paris" (nach einer Restaurierung durch Hans Semrau bis zum

[4] Siebert 1995, 247; Herbst 1995,183.

heutigen Zeitpunkt bestehend) an der Anschrift Kurfürstendamm 211 in den Vergleich einbezogen.[5] Im gleichen Zusammenhang sind auch das sowjetische Kino „International" (das bis heute fortlaufend betrieben wird) an der Karl-Marx-Allee 33 von Josef Kaiser und Heinz Aust sowie das nach wie vor bestehende Kino „Kosmos", welches in den Jahren 1960 bis 1962 von Josef Kaiser errichtet wurde und sich an der Adresse Karl-Marx-Allee 131 A befindet.[6]

Abb. 6.14 Vergleichsanalyse der sechs von 1951 bis 1962 errichteten Kinos. (Quelle: Eigene Darstellung, Basiskarte: © Google Maps (2023))

[5] Von Buttlar, Wittmann-Englert, Dolff-Bonekämper 2013, 73.

[6] Von Buttlar, Wittmann-Englert, Dolff-Bonekämper 2013, 94–96.

Bei der Analyse der gestalterischen Aspekte der ausgewählten Kinos (Abb. 6.14) fällt auf, dass abgesehen vom Beispiel des „L'Aiglon“ in allen Kinos eine Tendenz zur Symmetrie erkennbar ist. Die Fassadengestaltung zeigt in den meisten Fällen runde und geschwungene Formen, außer im Fall von Kino „International“, wo klare Kanten dominieren. Ein einheitliches Merkmal ist das Vorhandensein von Eingangsschriften mit dem Namen des Kinos an jedem Standort. Zusätzlich präsentiert sich beim Kino „Outpost“ neben der Leuchtschrift eine Tafel mit Projektionen neben dem Eingang. Ein durchgängiges Element in allen analysierten Kinos ist ein großflächiger und markanter Glaseingang. Eine Ausnahme bildet das Kino „Columbia“, bei dem der Eingang durch zwei Türen betont wird. Bei „L'Aiglon“, Kino International und Kino „Kosmos“ setzen sich die Glasflächen über dem Eingang fort und ziehen sich entlang der Vorderfassade.

Eine bemerkenswerte Feststellung ergibt sich aus der Tatsache, dass das Design der Glasprismen an den Seiten des Kinos „Outpost“ in Analogie zur Gestaltung der Wand hinter der Feuertreppe im Hotel „L'Aiglon“ steht.

Ein verbindendes Element, das in allen analysierten Kinos zu beobachten ist, manifestiert sich in großzügigen und repräsentativen Empfangsbereichen. Innerhalb dieser Räumlichkeiten sind häufig die Tische für den Ticketverkauf positioniert, begleitet von Glasfenstern, die Einblicke in das Filmrepertoire gewährleisten. Darüber hinaus sind runde Säulen im Erdgeschoss der Kinofoyers häufig anzutreffen, während gewölbte Decken mit subtilen Lichtvouten charakteristische architektonische Merkmale dieser spezifischen Ära darstellen.

Eine bemerkenswerte Charakteristik der Treppen in der Nachkriegsarchitektur der 1950er-Jahre ist ihre Integration in das Gesamtgebäude Design. Häufig sind die Treppenhäuser zentral angeordnet und erfüllen nicht nur ihre Funktion als vertikale Erschließung, sondern dienen auch als herausragendes architektonisches Element und räumlicher Mittelpunkt. Die Wechselwirkung zwischen Licht und Schatten, klaren Linien und minimalistischen Verzierungen trägt zur Schaffung einer ruhigen und dennoch beeindruckenden Atmosphäre bei. Die monumentale Treppe, wie sie im Fall von „L'Aiglon“ vorhanden ist, stellt eine einzigartige Eigenschaft im Vergleich zu anderen Kinos dieser Zeit dar, bei denen oft die Treppe zwischen den Wänden eingesetzt wurde. Das Erscheinungsbild einer monumentalen Treppe im Raum ist charakteristisch für die Nachkriegsarchitektur in großzügigen Foyers mit Galerien, wie es auch bei anderen Gebäuden aus ähnlicher Zeit, wie dem Freien Universität Berlin – Henry Ford Bau oder dem Französischen Gymnasium am Kurt-Schumacher-Damm 160 c, zu beobachten ist.

Ein herausragendes Merkmal der Kinosaal-Architektur besteht in der Verkleidung der Kinowände mit vertikal angeordneten Holzpaneelen. Diese gestalterische Komponente ist in verschiedenen Kinos präsent, darunter das Kino „Outpost", „International" und „L'Aiglon". Die Verwendung von vertikalen Holzpaneelen verleiht den Sälen nicht nur eine visuelle Kohärenz, sondern trägt auch zur Erschaffung guter Akustik. Sie schaffen eine einladende und gemütliche Atmosphäre, die für die Kinobesucher jener Zeit ein angenehmes Erlebnis dargestellt hat. Zusätzlich zeigt sich bei anderen untersuchten Beispielen eine alternative Gestaltung der Wände, bei der häufig eine einfarbige Behandlung, wie etwa Rot in Verbindung mit goldenen Elementen im Saal des „Cinema Paris" oder Weiß im Fall des Kinos „Outpost", zu erkennen ist. Die Sitzplatzanordnung ist bei allen Fällen in wellenförmigen oder halbkreisförmigen Reihen angeordnet, um eine unbeschränkte Sicht zu schaffen.

Besondere Aufmerksamkeit verdient die Betrachtung der von französischen Besatzungsmächten errichteten Kinos. In der ersten Etappe erfolgte im Jahr 1950 die Umgestaltung und Erweiterung des Mietshauses mit einer Ladenzeile in Maison Française, einschließlich des Cinema Paris am Kurfürstendamm.[7]

Finanzielle Unterstützung für die Bauerrichtung wurde hierbei von der französischen Militärregierung bereitgestellt.[8] Bei der Gestaltung kamen Werkstoffe wie Bronze, goldene Glasmosaiken, vergoldete Bestuhlung und Vorhänge sowie rote Wandverkleidungen zum Einsatz.[9] Dieses Gebäude wurde im Bereich des britischen Sektors errichtet und stellt somit ein repräsentatives Bauwerk dar, das durch seine aufwendige Materialauswahl auf die Präsenz eines französischen Zentrums in Berlin hinweist.

In einem zeitlichen Abstand von fünf Jahren erfolgte die Errichtung des Kinos „L'Aiglon", das ausschließlich der Freizeitgestaltung für die französische Armee diente. Dabei fällt auf, dass die von Seiten des Berliner Senats aufgebrachten finanziellen Mittel deutlich bescheidener im Vergleich zum Bau des „Cinema Paris" am Kurfürstendamm ausgefallen sind. Ebenfalls fünf Jahre darauf wurde das „Centre Français de Berlin" im Wedding errichtet, lediglich etwa drei Kilometer vom Standort des „L'Aiglon" entfernt. Das Bauvorhaben des Französischen Zentrums in Berlin hatte ursprünglich nicht nur die Errichtung eines Kinos im Fokus, sondern vor allem die Etablierung eines Kulturzentrums. Aus diesem Grund findet es keine Berücksichtigung in der gegenwärtigen Analyse im Zusammenhang mit anderen verwandten Kinos. Bemerkenswert ist jedoch,

[7] Von Buttlar, Wittmann-Englert, Dolff-Bonekämper 2013, 73.

[8] Von Buttlar, Wittmann-Englert, Dolff-Bonekämper 2013, 73.

[9] Vogt 1995, 40.

dass im Eingangsbereich des Instituts in der Müllerstraße eine ähnliche Farbgebung wie im „L'Aiglon" zu finden ist, erweitert um Schwarz und eine zusätzliche Blautönung.

Es ist von Bedeutung, auch auf das Kino „Oberon" hinzuweisen, dass in dieser vergleichenden Analyse nicht einbezogen wird. Dieses Bauwerk wurde im Jahr 1930 als „Neue Lichtspiele am Reichskanzlerplatz" errichtet.[10] Anfänglich trug es den Namen „Westpalast".[11] Nach dem Ende des Zweiten Weltkriegs diente das Gebäude den britischen Alliierten als Club und Lichtspieltheater und trug den Namen „Jerboa".[12] Ab dem Jahr 1947 wurde es als „NAAFIClub-Kino" bezeichnet und erfuhr im Jahr 1950 eine Umbenennung in „Internationales Kinovarieté Oberon", unter welchem es bis 1991 bekannt war.[13] Die Lage des Gebäudes befindet sich am Theodor-Heuss-Platz, an der Heerstraße 1.

6.2 Materialwahl

Die Materialwahl der 1950er-Jahre spiegelte den Optimismus und den technologischen Fortschritt jener Zeit wider.[14] Die Kombination dieser Materialien führte zu einer Architektur, die gleichzeitig funktional, ästhetisch ansprechend und innovativ war[15] (Abb. 6.15).

Die Vorderansicht des Kinos „L'Aiglon" zeichnete sich durch eine große Glasfläche aus, die durch stufenförmige Stahlsprossen unterteilt war (Abb. 6.15–3). Diese Gestaltung sollte zweifellos die Präsenz der französischen Armee in diesem Teil von Berlin symbolisieren. Die Idee der Transparenz sollte oft mit dem Konzept der Demokratie in der Architektur in Verbindung gebracht werden. Dieser Gedanke wurde hier jedoch bis 1971 nicht umgesetzt, als das Gebäude für die breite Öffentlichkeit geöffnet wurde und nicht länger ausschließlich französischen Bürgern vorbehalten war.

Die verputzten Flächen des Kinos und des Hotelbaus sind in Beige und Weiß gehalten. Die Innenwände weisen ebenfalls eine beigefarbene Gestaltung auf,

[10] Bröcker 1995, 57.

[11] Bröcker 1995, 57.

[12] Denkmaldatenbank Nr. 09040624, Deutschlandhaus (ehem.), Amerikahaus (ehem.), Edinburgh House (ehem.)

[13] Denkmaldatenbank Nr. 09040624, Deutschlandhaus (ehem.), Amerikahaus (ehem.), Edinburgh House (ehem.)

[14] Burkhard 2012,147.

[15] Burkhard 2012, 143.

auch wenn dies aufgrund der Schwarz-Weiß-Fotos aus der Zeit der Aufnahme nicht eindeutig nachweisbar ist.

Bei der Gestaltung des Saals spielte die zunehmende Verwendung von Kunststoffen eine maßgebliche Rolle (Abb. 6.15–4). Diese Entwicklung ermöglichte die Schaffung zeitgemäßer Oberflächen, Verkleidungen und dekorativer Elemente.[16]

Abb. 6.15 1 – Darstellung der verwendeten Materialien bei der Gestaltung von Kino und Hotel. (1 – Messinglampen, 2 – Garderobenhaken in Foyer, 3 – Große gebogene Glasflächen mit stufenförmigen Stahlsprossen, 4 – Bunte Sitze mit künstlichem Lederbezug, 5 – Geländer der Feuertreppe im Kino, 6 – Geländer der zentralen Treppe im Foyer, bedeckt mit schwarzem Plexiglas, 7 – Holzpaneele im Kinosaal, 8 – Säule im Foyer des Kinos, die mit Mosaiken bedeckt ist, 9 – Glasprismen am Treppenhaus des Hotels, Quelle: Eigene Darstellung, 05.05.2023)

Kunststoffe boten eine flexible Möglichkeit zur Formgebung und führten zu neuen ästhetischen Darstellungsweisen.[17] Dies zeigte sich im „L'Aiglon" sowohl

[16] Burkhard 2012, 143.

[17] Burkhard 2012, 143.

in der vielfarbigen Sitzgestaltung als auch in der roten Verkleidung der Geländer an den Galerien und Feuertreppen (Abb. 6.15–5,6).

Die Verwendung von Materialien und Techniken, die Schall effektiv beeinflussen, spielte eine herausragende Rolle, um sicherzustellen, dass im Kinosaal eine erstklassige Klangqualität erreicht wird.[18] Dieses Ziel wurde durch die Verwendung von Holzpaneelen im Kinosaal erreicht (Abb. 6.15–7).

Die Bodengestaltung wurde durch Fliesen im Eingangsbereich und Foyer sowohl der Kinos als auch des Hotels widergespiegelt.[19] Im Untergeschoss sind die Fliesen in den Toiletten in den klassischen Farbtönen Schwarz und Weiß gehalten, was ebenfalls ein charakteristisches Merkmal der 1950er-Jahre darstellt und insbesondere im Restaurantbereich vorkommt.

Teppichböden sind sowohl im Saal als auch in den Hotelzimmern zu finden.

6.3 Konstruktive Merkmale

Die Architektur der 1950er-Jahre zeichnete sich durch den Drang nach Modernität und Funktionalität aus, was sich ebenso in den Konstruktionsprinzipien jener Zeit widerspiegelte.[20] Die Kinos dieser Ära waren von fortschrittlichen Baustoffen, -techniken und der Integration neuer technologischer Entwicklungen geprägt.[21] Dies führte zur Erschaffung von Kinogebäuden, die nicht nur ästhetisch ansprechend waren, sondern auch den Anforderungen des damaligen Kinobetriebs gerecht wurden.[22] Ein treffendes Beispiel hierfür stellt die Konstruktion des Kinos „L'Aiglon" dar.

Im Verlauf dieses Bauprojekts wurden die Spannweiten des Kinosaals mithilfe einer Dachkonstruktion aus drei Abschnitten realisiert (Abb. 6.16). Diese Abschnitte wurden durch das sogenannte „Staka"-System gebildet, welches eine Schalung von 22 cm Höhe und eine 8 cm dicke Schicht aus Presseton einschließt.[23] Dieses innovative System wurde erstmals bei der Konstruktion des Kinos „L'Aiglon" in Deutschland angewendet.[24] Das zentrale Segment mit

[18] Bröcker 1995, 7

[19] Gegenwärtig ist der Fußboden im Hotel mit Laminat ausgelegt.

[20] Burkhard 2012, 143.

[21] Bähr 1995, 17.

[22] Bröcker 1995, 9.

[23] Kino 1957, 1324.

[24] Kino 1957, 1324.

Abmessungen von 14 × 22 m wurde durch Querverstrebungen verstärkt.[25] Hingegen sind die beiden Endsegmente selbsttragend und weisen Maße von 10 × 18 und bzw.

10 × 20 m auf.[26] Diese Bauweise gewährleistete eine uneingeschränkte Sicht für die Kinobesucher, ohne dass im großräumigen Kinosaal störende Säulen als Stützen benötigt wurden.

Zur Unterstützung des Systems diente eine 38 cm dicke Stahlbetonwand, welche das Foyer vom Kinoraum trennt.[27] Dadurch wurde die räumliche Aufteilung mithilfe dieses Elements erreicht. Der quadratische Hotelbau selbst wurde in Form eines Stahlbetonskelettbaus gebaut, die sowohl die strukturelle Stabilität als auch die architektonische Vision in Einklang brachte.[28]

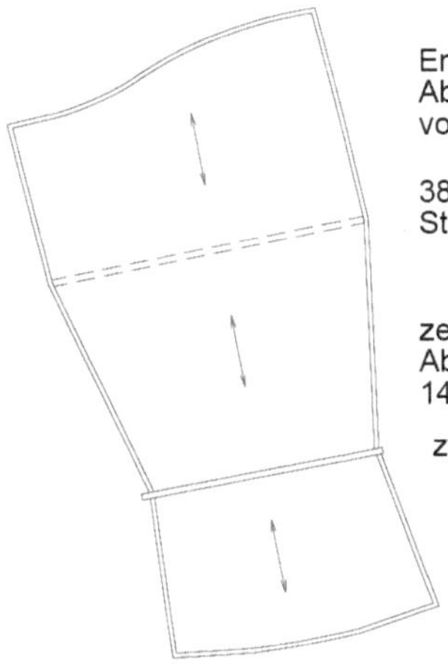

Abb. 6.16 Konstruktives Schema des Kinogebäudes 1955. (Quelle: Eigene Darstellung)

[25] Blauert 1999, 42.

[26] Blauert 1999, 42.

[27] Kino 1957, 1324.

[28] Denkmaldatenbank Nr. 09030299,T,002, Teilobjekt Kino L'Aiglon und Hotel.

6.4 Durchgeführte bauliche Veränderungen

Durch die Einsicht in die historische Dokumentation sowie Gespräche mit Zeitzeugen wird ein Überblick über die Arbeiten zur Restaurierung des Gebäudes geschaffen (Abb. 6.17). Die erste Erweiterung des Gebäudes erfolgte im Jahr 1966, als hinter dem Gebäudeensemble sechs Reihengaragen direkt hinter dem Querbau zwischen Hotel und Kino für den Bedarf der Kasernebediensteten errichtet wurden.

Vierzehn Jahre später wurden die ersten Arbeiten zur Restaurierung und Renovierung des Hotels durchgeführt, bei denen die Positionen der Toiletten in den Zimmern geändert wurden. Im selben Jahr wurden die Kinowände im Foyer und Saal neu gestrichen. Nach dem Abzug der französischen Alliierten aus Berlin und der Erklärung zur Gesamtanlage Julius-Leber-Kaserne und Teilobjekt Kino „L'Aiglon" und Hotel unter dem Denkmalschutz wurde das Kino 1996 renoviert.[29] Das Glas an der Vorderfassade wurde verändert und die Eingangsfront wurde neu verglast und mit deutlich dickeren Fenstern und Türen verschlossen.

Das Dach wurde isoliert und die Bühne erhielt eine ellipsoide Erweiterung mit einem maximalen Radius von 2 Metern. Die Anzahl der Sitzplätze bzw. Sitzreihen wurden deutlich reduziert und einige dieser Sitzplätze sind auch heute noch im Orchestergraben des Kinos zu finden. Die Verglasung des Übergangs war mit Milchglasfolie abgedeckt, sodass die ursprüngliche Idee eines transparenten Innenhofs zwischen Hotel und Kino völlig in Vergessenheit geraten ist. Die größte Sanierung und Veränderung im Hotel erfolgten im Jahr 1988. Im Eingangsfoyer und im Restaurant ist der Boden mit Laminat gefliest, in den Zimmern und im Flur ist er mit rotem Teppich bedeckt.

Es lässt sich mit großer Wahrscheinlichkeit annehmen, dass im Verlauf der Zeit weitere Sanierungsmaßnahmen im Hotel vorgenommen wurden. Sogar im Mai 2023 wurden Renovierungen im Bereich des Gartenzugangs durchgeführt.[30]

---

[29] Archiv der Bundesanstalt für Immobilienaufgaben.

[30] Trotzdem ist es der Verfasserin dieser Arbeit nicht gelungen, entsprechende Dokumentationen zu erhalten.

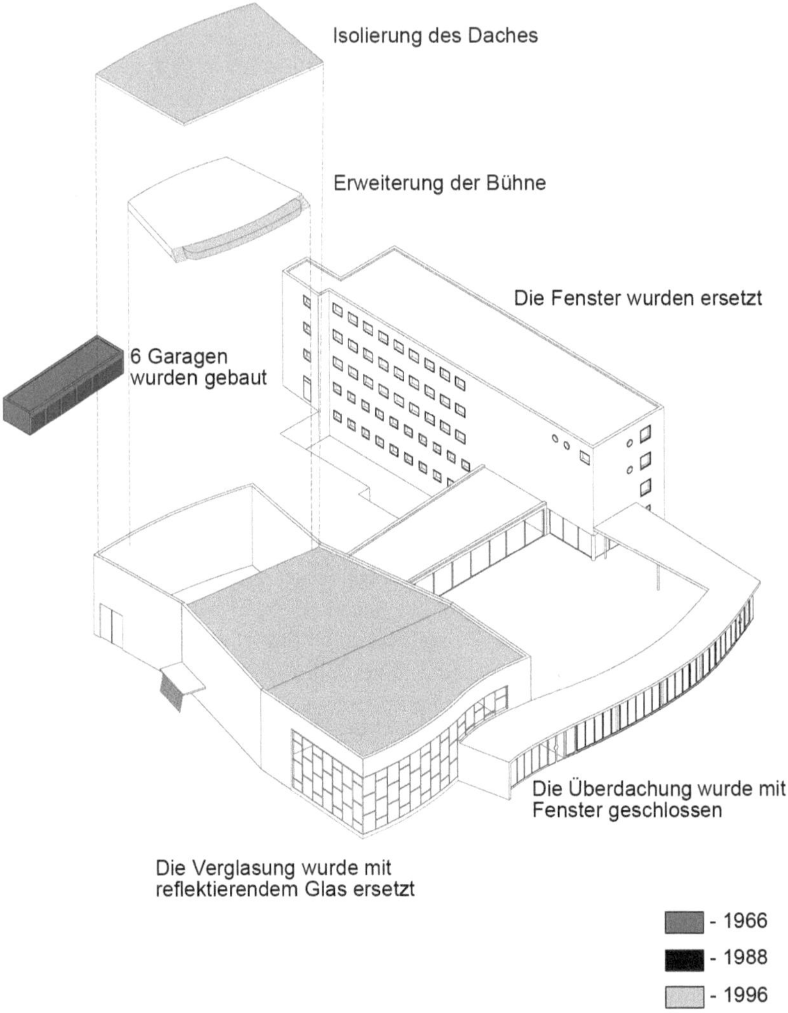

Abb. 6.17 Darstellung der durchgeführten baulichen Veränderungen. (Quelle: Eigene Darstellung)

7 Sanierungskonzept und -vorschläge

Die Nachkriegsmoderne wurde einst als „Stadterneuerung" gefeiert, doch heutzutage steht sie vor großen Herausforderungen und wird oft als „Sanierungsbedürftig" betrachtet.[1] Die Gründe dafür sind komplex und nicht leicht auf den Punkt zu bringen, können jedoch durch Vernachlässigung der Instandhaltung, unzureichende Pflege der Gebäude und mangelnde Fortentwicklung der energetischen Standards erklärt werden. Ein zusätzlicher Faktor dafür kann sein, dass die überwiegende Anzahl der Bauwerke aus diesem Zeitraum lange kaum wahrgenommen wurde.[2] Die Nachkriegsarchitektur war oft von minimalistischen und funktionalen Ansätzen geprägt, die lange Zeit im Vergleich zu älteren architektonischen Stilen als weniger ansprechend betrachtet wurden.

Im Anschluss erfolgte im Jahr 1996 die Internationale ICOMOS Konferenz in Finnland, welche sich eingehend mit den Fragestellungen befasste und Leitlinien für die Bewahrung der Nachkriegsarchitektur entwickelte.[3] In der Folge wurden zahlreiche Konferenzen und Initiativen abgehalten, die sich eingehend mit diesem Thema beschäftigten und dabei vertiefende Erkenntnisse hervorbrachten.[4] Eine solche thematische Untersuchung dieser Herausforderung wurde in der Konferenz und der anschließenden Veröffentlichung „Konservierung der Moderne" in Deutschland vorgenommen, die im Jahr 1996 von ICOMOS veröffentlicht wurde.[5]

---

[1] Giesbertz 2012, 11.

[2] Giesbertz 2012, 11.

[3] Van Oers 2003, 11.

[4] Van Oers 2003, 11.

[5] ICOMOS Deutsches Nationalkomitee 1998, ohne Seitenangabe.

D. Petrović, *Das Kino und Hotel „L'Aiglon" in Berlin-Wedding*, BestMasters,
https://doi.org/10.1007/978-3-658-50214-0_7

Sie stellten einen maßgeblichen Leitfaden für den Schutz und die Erhaltung des architektonischen Erbes der Moderne dar. Sie bieten mögliche Strategien und Prinzipien, die die Identität und kulturhistorische Bedeutung moderner Architektur bewahren können. Heutzutage wächst der Bedarf an Instandsetzung kontinuierlich und die Bauindustrie ist eng mit dem Bereich der Denkmalpflege verknüpft.[6] In den letzten Jahren hat sich jedoch die Einstellung zur Nachkriegsarchitektur geändert, da ihre historische und kulturelle Bedeutung besser erkannt wird. Es gibt vermehrt Bemühungen, diese architektonischen Werke zu schützen und zu erhalten, um das kulturelle Erbe dieser Ära zu bewahren.

Zu Beginn dieser Masterarbeit wurde eine Vor-Ort-Besichtigung des Gebäudes in Anwesenheit von Fachexperten aus den Bereichen Architektur, Architekturgeschichte und Geschichte sowie des Hausmeisters der BImA, Herr Metin Oguz, der über Jahrzehnte hinweg die Betreuung des Kinos verantwortete, durchführt.[7] Diese Untersuchung ermöglichte eine gründliche Analyse des Objekts, einschließlich der im Laufe der Zeit auftretenden Veränderungen, die für kommende Sanierungsmaßnahmen von Bedeutung sind. Der Bericht sowie die erlangten Erkenntnisse über den Zustand des Objekts unterstreichen die dringende Notwendigkeit einer umfassenden Restaurierung und detaillierten Erforschung der historischen Aspekte des Gebäudes, um zu seiner zukünftigen Revitalisierung und optimalen Nutzung beizutragen. Mithilfe der erfassten Baupläne und der Einsicht in frühere Zeichnungen des Objekts besteht die Möglichkeit, eine Bewertung vorzunehmen und einen Vorschlag für die Sanierung und künftige Nutzung zu entwickeln.

Der erste Schritt, der unternommen werden sollte, besteht darin, die überschüssige Vegetation von Grün-, Beton- und Asphaltflächen zu entfernen, um eine verbesserte Gestaltung der Außenanlage zu erreichen (Abb. 7.1). Dieser Ansatz würde dazu beitragen, den betroffenen Bereich neu zu gestalten und aufzuwerten.

Diese Sanierungsmaßnahmen verfolgen das Ziel, die logistischen Prozesse und den Anlieferungsbetrieb zu optimieren, um den betrieblichen Erfordernissen besser zu entsprechen und gleichzeitig die Effizienz der Einrichtung zu erhöhen. Im Kontext eines umfassenderen Umnutzungsvorschlags wurden spezifische Maßnahmen detailliert erläutert. Dies umfasst die Vergrößerung der Anlieferungsöffnung sowie die vielfältige Planung der Zufahrtswege, indem die funktionalen Aspekte der Einrichtung weiter verbessert werden sollen.

---

[6] Krafczyk, Knufinke 2018, 16.

[7] Die Autorin bringt ihre aufrichtige Dankbarkeit gegenüber Herrn Metin Oguz zum Ausdruck.

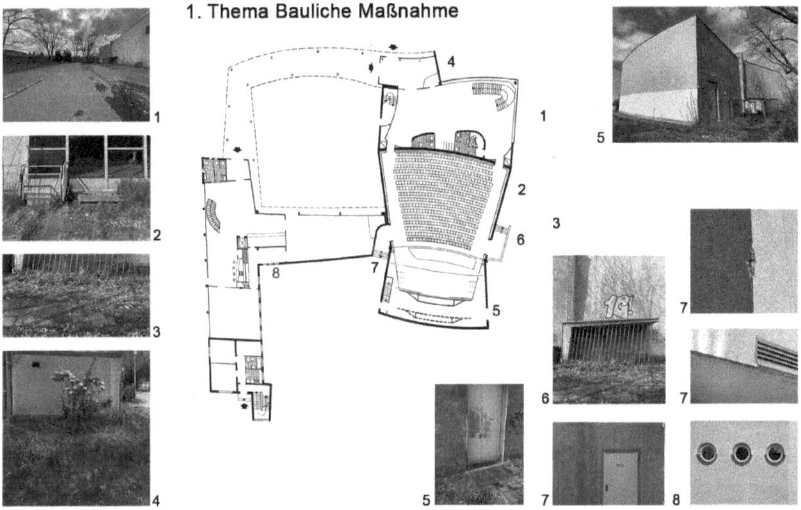

Abb. 7.1 Sanierungskonzept und -vorschläge für den Außenraum rund um den Gebäudekomplex. (Quelle: Eigene Darstellung)

Im Zuge der Sanierung der Putzfassade des Gebäudes aus den 1950er-Jahren sind mehrere Schritte geplant. Hierzu zählen umfassende Abdichtungsmaßnahmen, insbesondere an den Stellen, an denen akuter Feuchtigkeitseingang festgestellt wurde. Das Ziel ist, die Bausubstanz vor Feuchtigkeitsschäden zu schützen. Zusätzlich ist geplant, eine neue Dämmung an den Wänden, der Dachdecke sowie im Dachbodenbereich anzubringen (Abb. 7.2). Diese Dämmungsmaßnahmen werden sowohl der Energieeffizienz des Gebäudes als auch der Verringerung von Wärmeverlusten und Feuchtigkeitseintritt dienen.

Diese Sanierungsmaßnahmen sollen nicht nur die ästhetische Erscheinung des Gebäudes verbessern, sondern auch seine Funktionalität, Energieeffizienz und Langlebigkeit steigern. Die Fenster und Türen sollen im ursprünglichen Material erhalten bleiben, jedoch an moderne Energiestandards angepasst werden. Um eine angenehme und ruhige Innenraumumgebung zu schaffen, ist die Integration von akustischer Isolierung von großer Bedeutung. Durch den Einsatz geeigneter Materialien und Konstruktionen kann die Geräuschkulisse reduziert werden, was den Komfort für Nutzer und Besucher erhöhen wird. Eine effektive Schalldämmung für das Lüftungssystem ist entscheidend, um unerwünschte Geräusche von außen zu reduzieren und eine ungestörte Nutzung der Innenräume zu ermöglichen.

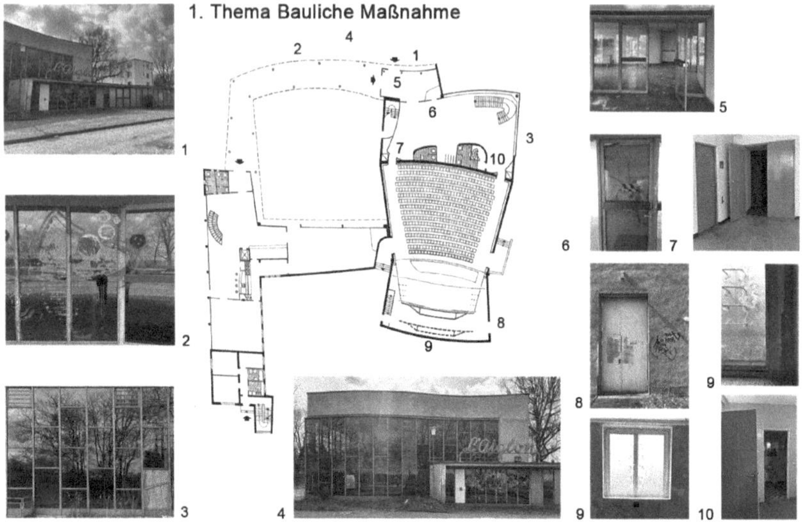

Abb. 7.2 Konzept und Vorschläge zur Sanierung der Fassade, Fenster und Türen. (Quelle: Eigene Darstellung)

Die Implementierung von schalldämmenden Technologien würde eine optimale Raumakustik gewährleisten. Eine dringliche Maßnahme besteht in der gezielten Abdichtung der Bereiche im Kellergeschoss, die von Feuchtigkeit betroffen sind (Abb. 7.3). Dies würde dazu beitragen, den Raum weiterhin sinnvoll zu nutzen, da derzeit die Anwesenheit aufgrund der großen Menge an abblätternder Farbe und Putz an den Kellerwänden unangenehm ist. Eine Erneuerung der Bodendämmung ist empfehlenswert, um die energetische Effizienz zu steigern und ein angenehmes Raumklima im Kellergeschoss zu gewährleisten, da der Umnutzungsplan die Notwendigkeit eines beheizten Kellers vorsieht. Der Austausch der vorhandenen Fliesen in Toiletten durch anpassende Alternativen bietet nicht nur eine ästhetische Aufwertung, sondern erleichtert auch die Reinigung und Pflege der Räume.

Im Rahmen der Wandrestaurierung sollen geeignete Farbtöne unter enger Einbeziehung der Expertise von Konservatoren des Denkmalamts ausgewählt werden. Diese kollaborative Partnerschaft strebt an, die ursprünglichen Farbtöne zu ermitteln, die einst an den Wänden des Kinos vorhanden waren. Dieser

Ansatz trägt dazu bei, die Authentizität der Innenräume zu bewahren und wiederherzustellen. Der bestehende Bodenbelag der Treppe, der derzeit abblättert und beschädigt ist, sollte erneuert werden.

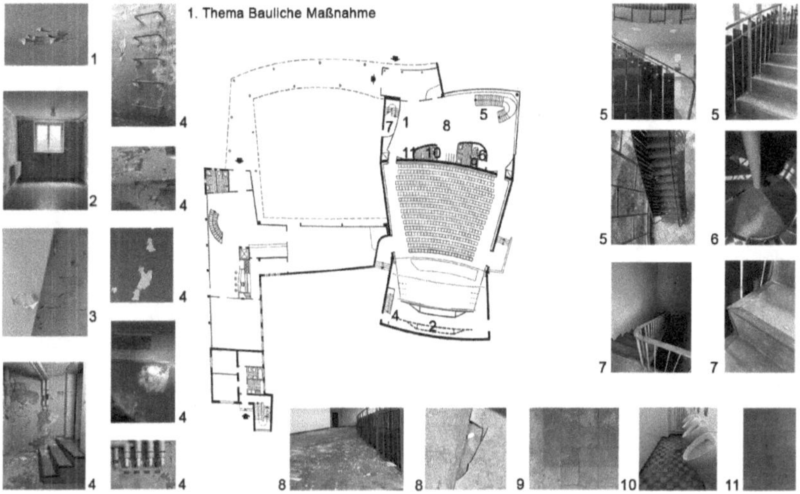

Abb. 7.3 Konzept und Vorschläge zur Schadenstoffsanierung sowie Kellerabdichtung. (Quelle: Eigene Darstellung)

Im Hinblick auf die Sicherheit und die Gesundheit der Nutzer empfiehlt sich zudem die Durchführung einer Schadstoffsanierung des Bodenklebers, um potenziell gesundheitsgefährdende Substanzen zu entfernen und somit eine sichere Umgebung für die zukünftigen Besucherinnen zu gewährleisten. Die Handläufe der Treppen im Foyer und Feuertreppen sollten einer umfassenden Sanierung unterzogen werden. Dies beinhaltet die Reparatur von Beschädigungen und die Auffrischung der Oberfläche.

Im Kinosaal wird die Restaurierung des bestehenden Fußbodens in Betracht gezogen (Abb. 7.4). Die Holz-Akustikpaneele werden aufbereitet, um eine optimale akustische Qualität im Kinosaal zu gewährleisten. Der Orchestergraben wird erneuert, um den Anforderungen moderner Aufführungen gerecht zu werden und gleichzeitig einen angemessenen Raum für Musiker zu bieten, was zurzeit nicht der Fall ist. Die Erneuerung des Heizungssystems ist vorgesehen, um eine komfortable Raumtemperatur für das Publikum und die Künstler sicherzustellen, gleichzeitig die Energieeffizienz zu verbessern.

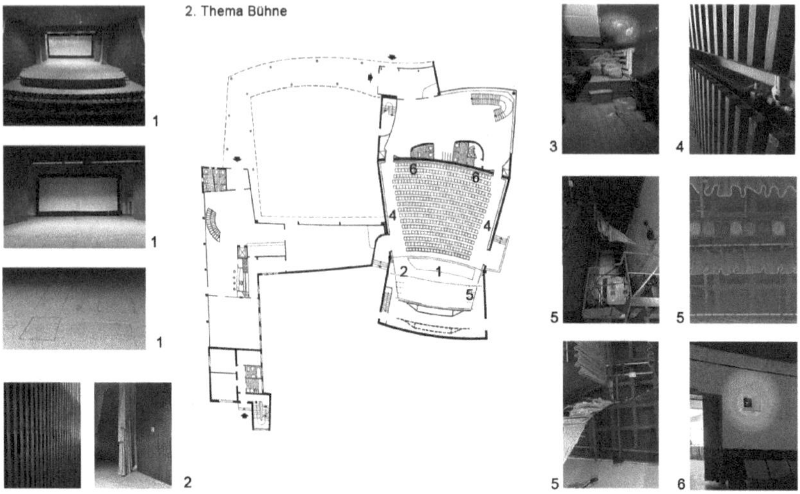

Abb. 7.4 Konzept und Vorschläge zur Bühnensanierung. (Quelle: Eigene Darstellung)

Dabei wird angestrebt, die feinen metallenen Abdeckungssysteme der bestehenden Wärmequellen zu erhalten, um deren Funktionalität und Nutzen beizubehalten. Die ehemalige Projektionskabine wird in einen Regieraum umgewandelt, um modernen technischen Anforderungen gerecht zu werden und eine effiziente Steuerung der Aufführungen zu ermöglichen. Die Bühnenlichtanlage wird erneuert und aufgerüstet, um optimale Lichtverhältnisse während der Vorstellungen zu gewährleisten. Zusätzlich werden weitere Leuchten hinzugefügt, um eine zusätzliche atmosphärische Beleuchtung im Innenraum zu schaffen. Ein Schutzvorhang sowie eine Berieselungsanlage für den Bühnenvorhang werden installiert, um die Langlebigkeit des Vorhangs zu gewährleisten und eine ansprechende Bühnenpräsentation zu ermöglichen.

Die Neuverglasung des Übergangs zwischen Kino und Hotel soll diesmal mit rahmenlosem, schiebbarem Glas erfolgen. Dadurch kann die ursprüngliche Transparenz und Offenheit des Innenhofs wiederhergestellt werden, was eine harmonische Integration in den Gebäudekomplex ermöglichen wird.

Im Einklang mit dem ursprünglichen Projekt, welches durch Gebäudefotos aus dem Jahr 1955 bestätigt wird, wird vorgeschlagen, Terrazzoböden im Eingangsfoyer, im Restaurant und in der Bar zu verlegen. Diese Wahl schafft nicht nur eine Verbindung zur historischen Ästhetik, sondern verleiht den Räumen auch einen eleganten und zeitlosen Charakter.

Die meisten der vorgeschlagenen Erhaltungsmaßnahmen tragen dazu bei, den historischen Charme des Gebäudes zu bewahren und gleichzeitig eine erhöhte Energieeffizienz zu erzielen. Diese Sanierungsmaßnahmen haben das Ziel, die Funktionalität und Vielseitigkeit des betreffenden Ensembles zu steigern, und den sich wandelnden Bedürfnissen und Standards gerecht zu werden.

8 Zukünftiges Umnutzungskonzept

Die langjährige Vernachlässigung und der Verfall des Kinos „L'Aiglon" sowie zahlreicher Gebäude europaweit, die während desselben Zeitraums entstanden sind, bieten uns vertiefte Einblicke in die Tatsache, dass die Architektur des vergangenen Jahrhunderts ebenfalls einen integralen Teil unserer Geschichte bildet. Diese Bauwerke sollten in einem gewissen Umfang in unseren alltäglichen Erfahrungshorizont überführt werden.

Nach einer sorgfältigen Analyse der Erhaltungsmaßnahmen und Sanierungsarbeiten an dem Gebäude sowie einer eingehenden Auseinandersetzung mit seinen historischen Schichten und Bedeutungsebenen liegt nunmehr die Gelegenheit vor, das Konzept der zukünftigen Nutzung des „L'Aiglon"-Ensembles zu formulieren.

Die Debatten über das zukünftige Nutzungskonzept eines spezifischen Ortes sind integraler Bestandteil des Prozesses der Entstehung des Erbes (Heritage Making), bei dem die Verbundenheit mit einer gemeinschaftlichen Identität geschätzt wird.[1] Das kulturelle Erbe kann ein Empfinden von Objektivität, Realität und Identifikation hervorrufen.[2] Im Rahmen dieses Projekts hat genau diese These die Grundlage für den Vorschlag zur zukünftigen Nutzung des Gebäudes maßgeblich geprägt.

Im Verlauf der umfangreichen Analyse des architektonischen und funktionalen Potenzials des Gebäudes wurden umfassende Untersuchungen durchgeführt, um präzise zu identifizieren, welche spezifischen Bauelemente einer Neugestaltung und Revitalisierung bedürfen. Hierbei wurde besondere Betonung auf die Bewahrung der historischen Authentizität gelegt, während gleichzeitig moderne

[1] Waterton, Smith 2009, 16.

[2] Waterton, Smith 2009, 16.

D. Petrović, *Das Kino und Hotel „L'Aiglon" in Berlin-Wedding*, BestMasters, https://doi.org/10.1007/978-3-658-50214-0_8

Ergänzungen berücksichtigt wurden, um eine ausgewogene ästhetische Verbindung zwischen historischer Kontinuität und zeitgenössischer Zweckmäßigkeit herzustellen.

8.1 Zukünftiges Konzept – *Artist in Residence*

Im Hinblick auf das zukünftige Umnutzungskonzept für das Kino und Hotel „L'Aiglon" in Berlin würden die Leitprinzipien der Multikulturalität, Diversität und interkulturellen Toleranz eine bedeutende Rolle einnehmen, wie es oft bei Auseinandersetzung mit kulturellen Erbe der Fall ist.[3] Der historische Raum wird in einer adäquaten historischen Weise genutzt, um das Gepräge der 1950er-Jahre zu veranschaulichen, was als Ausdruck der Hoffnung und des Vertrauens in eine demokratische Gesellschaft interpretiert werden kann – eine Wesenheit, die in der heutigen Zeit oft mangelt. Durch ausführliche Fallstudien im Kontext des kulturellen Erbes zeigt sich eine Tendenz, bei der Besucherinnen nicht lediglich in einer passiven Rolle verweilen und das Erbe lediglich beobachten.[4] Vielmehr streben sie danach, es aktiv zu erfassen und zu erleben.[5] Diese Vorgehensweise sollte als performative Erbevermittlung betrachtet werden.[6]

Die Fortführung der Nutzung von „L'Aiglon" als Ort für „Artist in Residence" ergibt sich aus diesen Stellungnahmen. Das Ziel besteht darin, eine Methode zur Kommunikation des kulturellen Erbes aufzustellen.

Dies geschieht durch die Inszenierung von Vorführungen sowie die Präsentation von Werken der Künstler/-innen, die während ihres Aufenthalts als „Artist in Residence" im „L'Aiglon" tätig werden.

Hierbei werden Künstler/-innen die zukünftigen Besucherinnen des Kinos zu ihrer Darstellung einladen, wodurch eine interaktive Auseinandersetzung mit dem Konzept des Kinos als kulturelles Erbe ermöglicht wird. Diese Herangehensweise wird nicht nur die Erwartungen des Publikums erfüllen, indem es während der Vorstellungen unterhalten, emotional berührt oder anerkannt wird, sondern auch eine dynamische Verbindung zwischen Vergangenheit und Gegenwart schaffen.[7] Durch die direkte Einbindung des Publikums in die künstlerischen Präsentationen wird das Kino „L'Aiglon" zu einem Ort des lebendigen kulturellen Austauschs

---

[3] Waterton, Smith 2009, 11.

[4] West, Bowman 2010, 277.

[5] West, Bowman 2010, 277.

[6] West, Bowman 2010, 278.

[7] West, Bowman 2010, 277.

und der Begegnung, der die Bedeutung des Objekts als Erbe auf zeitgemäße und ansprechende Weise vermittelt. Auf diese Art und Weise wird dieses Konzept zur Erreichung der Ziele „Demokratie als Lebensform" und „Lernort der Demokratie" substantiell beitragen. Die Integration zeitgenössischer Ergänzungen in Bauwerken erfolgt unter Berücksichtigung eines sensiblen Ansatzes, der den historischen Kontext – eine Ära der Hoffnung und des gemeinschaftlichen Zusammenhalts, in der sie entstanden sind – respektiert und reflektiert. Diese Vorgehensweise erlaubt die Einführung neuer funktionaler Aspekte und Nutzungsmöglichkeiten, ohne dabei den kulturellen Wert des Gebäudes zu gefährden. Die Zusammensetzung aus historischer Bedeutung und zeitgenössischer Vielseitigkeit wird dazu beitragen, dass das Kino und Hotel „L'Aiglon" wieder zu einem pulsierenden Zentrum kultureller Interaktionen und zeitgemäßer Veranstaltungen werden. Hierdurch wird sowohl die Geschichte als auch die Gegenwart der Stadt Berlin in ihrer Vielfalt widergespiegelt.

8.2 Künstlerinnen und Künstler in der „L'Aiglon"-Residenz

Menschen sind alltäglich Teil einer Inszenierung, in der sie ihre Positionen in der Gesellschaft einnehmen, sich anpassen, improvisieren und verschiedene soziale Rollen einnehmen. Vor Ort agieren die Künstler/-innen in der Rolle von Kulturerbe-InterpretantInnen und vermitteln das Erbe des Ortes. Ihre Performance, die als von der Gesellschaft erwartetes Verhalten verstanden wird, umfasst eine Vielzahl von Ausdrucksformen wie Theater, Tanz, Rituale, Spiele, Musik und vieles mehr.[8] In diesem Zusammenhang wird die historische Atmosphäre mithilfe unterschiedlicher Medienformate und gestalterischer Elemente zum Leben erweckt. Diese ermöglichen es den Künstlerinnen und Künstlern, in die vergangene Ära einzutauchen und die Atmosphäre jener Zeit hautnah zu erleben, in der sie die Hauptrolle übernehmen werden.

Das primäre Ziel besteht darin, Künstler/-innen aus Ländern, in denen ihre Stimmen oft ungehört bleiben und die politisch sowie sozial aktiv sind, eine freie Plattform anzubieten. Die Grundidee besteht darin, dass die Stiftung „L'Aiglon" die Leitung des gesamten Konzepts und die Anlage übernimmt. Sie bietet den Ort acht Künstler/-innen für ein Jahr an, wo sie ihre kreativen und innovativen Ideen in die Praxis umsetzen können. Die teilnehmenden Künstler/-innen kommen von ihren Heimatländern an und versammeln sich in der Residenz „L'Aiglon", um

[8] West, Bowman 2010, 278.

ihre Talente und Ideen einzubringen. Dieser Prozess hinterlässt sichtbare Spuren ihrer Kultur in der neuen Umgebung. Sie können über einen festgelegten Zeitraum hinweg gemeinsam an umfangreichen Projekten arbeiten. Das ist die Grundlage für das Artist-in-Residence-Programm. Während ihres Aufenthalts werden die Künstler/-innen im ehem. Hotelgebäude untergebracht werden, das gleichzeitig als Arbeitsort dient. In diesem Gebäude, als auch im Querbau, werden Restaurant und Bar sein, die auch der Öffentlichkeit während des Tages zugänglich sind. Die Kinobühne und der Übergang zwischen den beiden Gebäuden sind Ausstellungs- und Präsentationsräume für ihre Werke.

Während der ersten sechs Monate ihres Aufenthalts, in den Wintermonaten, kann der Kinosaal für Filmvorführungen genutzt werden. Im Sommer wird das Kino im Hinterhof sein, wo Filme an der Rückwand des Kinos gezeigt werden können. In dieser Zeit können die Künstler/-innen den Saal für ihre Performances nutzen.

Im „Artist in Residence“-Programm finden Künstler/-innen verschiedener Ausrichtungen eine Plattform, um ihre kreativen Ideen in Form von Medienkunst auszuleben. Von 3D-Animation über Virtual Reality bis hin zur immersiven Kunst erstreckt sich die breite Palette der vertretenen Kunstformen. Jede/-r Künstler/-in gestaltet ihr eigenes Atelier, das mit entsprechender Ausrüstung ausgestattet ist, um ihre künstlerische Vision optimal umzusetzen.

8.3 Gestaltung der Innenräume

Zeitgemäße Technologien und Materialien werden in Einklang mit den vorhandenen architektonischen Merkmalen gebracht, um ein stimmiges Gesamtbild zu schaffen. Im Gebäude werden die „Elemente“ gesucht, die die Qualität des alten Gebäudes geschaffen haben. Die spezifischen Räume werden mit dem Ziel, sie attraktiver zu machen, eine nachvollziehbare und freie Bewegung zu schaffen, definiert.

Ein besonderer Umgang mit Materialien und Details wird vorgenommen, indem spezielle Aufmerksamkeit auf Innere Materialisierung gesetzt wird – darunter Terrazzo, Holzpaletten auf der Wand, Farbigkeit der 1950er-Jahre usw. (Abb. 8.1).

Dieses Objekt wird die Veränderung seines ursprünglichen Zweckes nicht nur überstehen, sondern auch seinen Bestimmungszweck beibehalten und fördern. Gleichzeitig wird es um eine Vielzahl neuer Funktionen erweitert, die den Anforderungen der zeitgenössischen Gesellschaft und der gegenwärtigen Ära gerecht werden.

Die Bequemlichkeit wird erhöht, indem die Raumorganisation geändert wird. Barrierefreiheit wird erreicht, und es werden Aspekte der Energieeffizienz, Nachhaltigkeit und langfristige Verwendbarkeit berücksichtigt.

Die Integrität der Strukturstützenden Wände bleiben unberührt, während selektive Demontagen von Trennwänden an ausgewählten Standorten durchgeführt werden, um eine neuartige Raumstruktur zu formen.

Abb. 8.1 Moodboard für Innengestaltung. (Eigene Darstellung, basiert auf Quelle: rawpixel.com auf Freepik, https://www.freepik.com/free-photo/retro-living-room-interior-design-with-mid-century-armchair_17596105.htm)

8.4 Anlage, Ankunft und Logistik

Der Zugang zum Gebäude erfolgt von der Kurt-Schumacher-Straße aus. In Zukunft wird durch die Errichtung der geplanten Wohnsiedlung am Tegel eine direkte Verbindung zwischen den auf gegenüberliegenden Seiten dieser Straße befindlichen Gebäuden entstehen (Abb. 8.2).

Vor dem Gebäude befindet sich eine Straßenzufahrt mit Parkplatz, die von den Fahrspuren der Kurt-Schumacher-Straße getrennt ist. Auf der rechten Seite des Gebäudes, zwischen dem Kino und der Kasernenwand, sind zwei Reihen mit insgesamt 26 Parkplätzen angeordnet. Auf dieser Seite des Kinogebäudes sind drei Zugänge zum Objekt zu finden. Die ersten beiden Zugänge gewähren den Eintritt zu den unterirdischen Räumlichkeiten, während die letzte und umfangreichste Anlieferungsöffnung direkt zur Bühne führt.

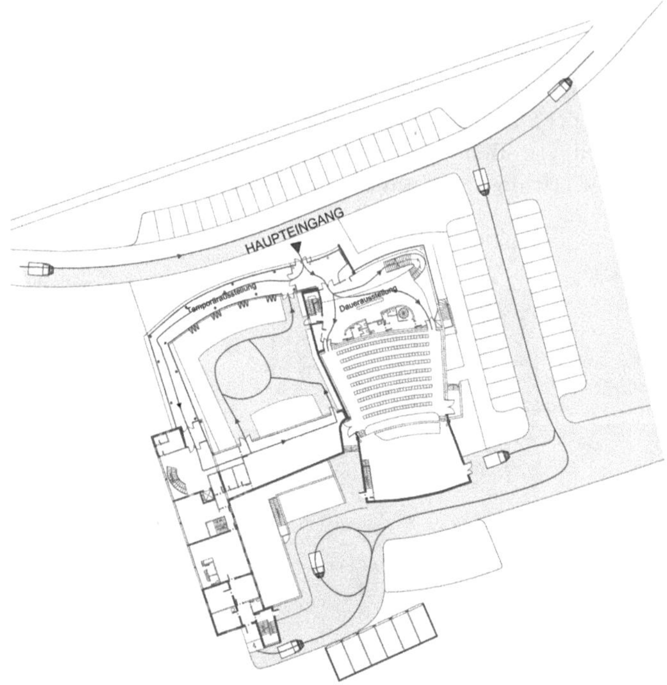

Abb. 8.2 Bewegungsdiagramm mit ausgewiesenem Fußgänger- und Fahrzeugzugang zur Anlage. (Quelle: Eigene Darstellung)

Die Bühne ist ebenfalls von zwei Seiten aus erreichbar, wodurch eine großzügige Öffnung für die Einbringung von Requisiten und Materialien für die Veranstaltungen und Performances zur Verfügung stehen wird. Eine Optimierung der Anlieferungsinfrastruktur wird angestrebt, um einen reibungslosen Waren- und Lieferverkehr zu gewährleisten. Dies umfasst die Anpassung von Zufahrtsrouten, Ladezonen und technischen Einrichtungen, um den Anforderungen moderner Logistikstandards gerecht zu werden.

Hinter der hinteren Fassade des Kinos wird sich ein Sommerkino erstrecken, das abends geöffnet sein wird. Während des Tages über wird das ehem. Hotelgebäude durch einen separaten Hintereingang zugänglich. Dieser Eingang wird die Lieferung von Speisen und Getränken sowie den Zugang zu den Lager- und Restaurantbereichen ermöglichen. Ausreichend Raum ist vorhanden, um sicherzustellen, dass ein Lieferwagen den Innenhof problemlos verlassen kann. Vom hinteren Innenhof aus wird ein Zugang zu den unterirdischen Räumlichkeiten unter dem Hotelgebäude und dem Querbau zwischen Hotel und Kino gegeben.

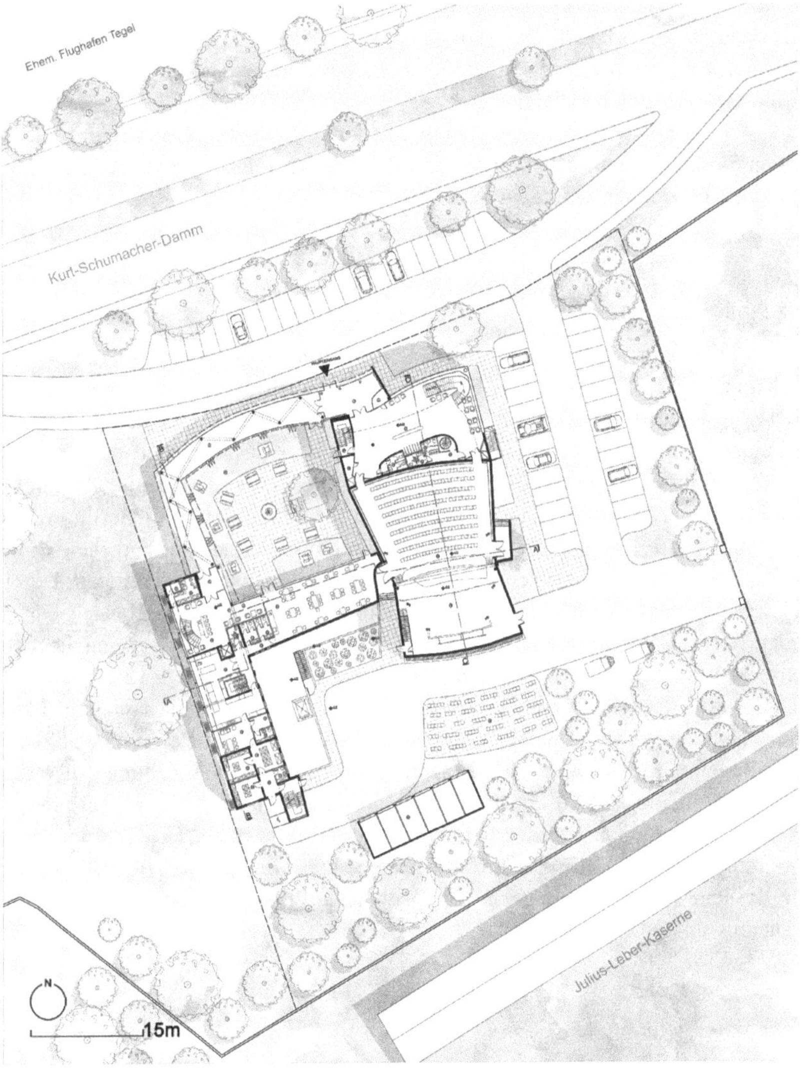

Abb. 8.3 Erdgeschossplan mit der Umgebung. (Quelle: Eigene Darstellung)

Vor dem Gebäude wird ein Gehweg angelegt, der Passant/-innen anspricht und dazu einlädt, sich für die Aktivitäten im „L'Aiglon“ zu interessieren. Dieser gestaltete Weg wird teilweise die Nachricht vermitteln, dass die Künstler/-innen in diesem Gebäude residieren.

Der Innenhof wird in einen Sommerbiergarten umgewandelt, der mit kunstvollen Skulpturen und Mobiliar ausgestattet sein wird und im Sommer bis zu 30 Personen Platzbieten wurde (Abb. 8.3).

8.5 Neugestaltung des Kinogebäudes

Der Haupteingang des Gebäudes wird sich auf dem Areal des ehemaligen Ticketverkaufs befinden, wo Besucher freundlich empfangen werden und Anweisungen zum Restaurant oder Kino erhalten werden. Gäste, die das Gebäudeensemble erkunden, werden die Gelegenheit haben, das Foyer des Kinos zu betreten und eine Dauerausstellung über die Geschichte des Kinos, seine Bedeutung während der französischen Besatzung sowie weitere von den Alliierten in Berlin errichtete Kinos zu erleben (Abb. 8.4). Durch eine ausdrucksstarke Vorgehensweise wird dabei die Epoche, in der das Objekt entstand, intensiver reflektieren. Durch mediale Elemente wird den Besucher/-innen ein immersives Erlebnis geboten, indem sie eine tiefgreifende Verbindung zum Geist der Nachkriegszeit herstellen.[9] Insbesondere wird ein bewusster Kontrast zu den ersten 15 Jahren von „L'Aiglons“ Existenz betont, in denen es primär als Ort für die Nutzung durch französische Soldaten konzipiert war. Zusätzlich werden die Relevanz des „Tags der offenen Tür“ im Quartier Napoléon sowie Artefakte wie Zeitungsartikel im Kontext von Kinothemen und Plakaten historischer Filme, die hier einst präsentiert wurden, zur Schau gestellt. Im Foyer des Kinos werden die Treppe weiter ihre zentrale Position im Raum beibehalten, und von der Galerie aus können die Besucher/-innen die an der Decke hängenden Plakate betrachten, als Teil der Dauerausstellung.

[9] Das immersive Erlebnis ermöglicht es dem Nutzer, aktiv mit seiner Umgebung zu interagieren.

Abb. 8.4 Dauerausstellung in Kino Foyer. (Eigene Darstellung, basiert auf Quelle: dgim-studio auf Freepik, https://www.freepik.com/free-vector/cinema-set-posters_8084136.htm; asier_relampagoestudio auf Freepik, https://www.freepik.com/free-photo/man-suit-jeans-with-arms-crossed_1019253.htm)

Die Grundgestaltung des Foyers bleibt unverändert, allerdings wird eine zusätzliche barrierefreie Toilette zwischen den zwei bereits existierenden hinzugefügt. Der Kinosaal wird sowohl für Filmvorführungen als auch für Performances der Künstler/-innen genutzt. Diese Bühne wird eine Bandbreite sowohl an interdisziplinären Performances, als auch Konzerte und Theateraufführungen bieten.

Die Bühne wird als zentraler Ort dienen, um Künstler/-innen eine Plattform für kreative Ausdrucksformen zu bieten und gleichzeitig ein anspruchsvolles Publikum anzuziehen Die Anzahl der Sitzreihen im Kinosaal werden deutlich verringert (Abb. 8.5). Die Sitzabstände sind eng bemessen und bieten gerade keinen komfortablen Aufenthaltsplatz im Saal. Durch die Entfernung von sieben Sitzreihen erhalten Künstler/-innen die Möglichkeit, die Bühne nicht nur für ihre Performances, sondern auch für ihre Interaktion mit dem Publikum zu nutzen.

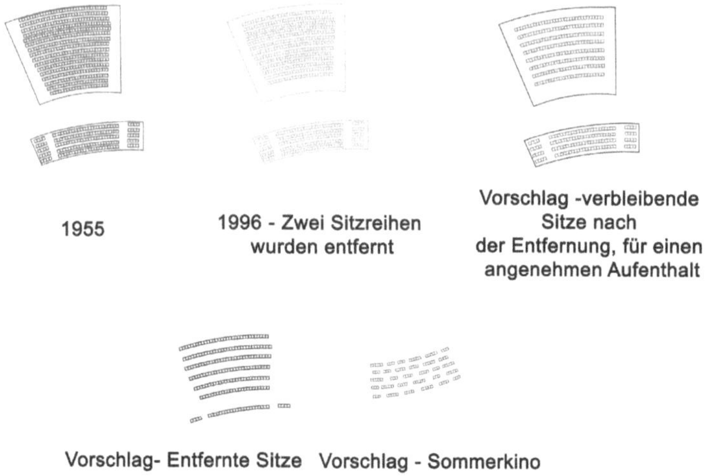

Abb. 8.5 Diagramm der Änderungen der Sitzreihen. (Quelle: Eigene Darstellung)

Die übrigen Sitzplätze werden zum Open-Air-Kino umgebaut, während sie in den Wintermonaten in den hinter den Gebäuden befindlichen Garagen untergebracht werden (Abb. 8.6). Darüber hinaus wird der bisher ungenutzte Hinterhof des Kinos zu einem ansprechenden Ort umgestaltet, der im Sommer als Freilichtbühne für Filmvorführungen genutzt werden kann. Diese Open-Air-Bühne wird ein reizvolles Ambiente schaffen, das Filmvorführungen unter freiem Himmel ermöglicht und ein breites Publikum anspricht. Hier werden sich zwei Kleintransporter des französischen Automobilherstellers Citroën, vom Typ HY[10] befinden, die oft als Lebensmitteltransporter bekannt sind. Sie werden es den Besuchern des Sommerkinos ermöglichen, Snacks und Getränke zu erhalten, ohne dass „L'Aiglon"-Restaurant betreten zu müssen.

[10] Die Produktion des Citroën HY begann während der Besatzungszeit. Es wird empfohlen, dass die hier verwendeten Modelle dieses Transporters aus den Jahren stammen, in denen „L'Aiglon" entstand.

Abb. 8.6 Neu errichtetes Sommerkino im Hinterhof des Ensembles. (Eigene Darstellung, basiert auf Quelle: freepik, https://www.freepik.com/free-psd/landing-page-theatre-school-template_11401822.htm)

Im ersten Obergeschoss wurde die Raumstruktur beibehalten. In der Galerie wird sich ein Präsentationsraum befinden, der mit moderner technischer Ausstattung ausgerüstet wird.

Gleichzeitig werden die historischen Projektoren, die derzeit dort vorhanden sind, als Teil der Dauerausstellung genutzt.

Im Untergeschoss werden die Bereiche für die Vorbereitung von Darstellern entstehen, einschließlich Umkleide, Garderobe und Frisur. Die Steuerung der Bühnenbeleuchtung wird im Elektro-Verteilungsraum erhalten bleiben, da sie bereits effizient arbeitet.

Der vorliegende Umnutzungsplan für das Kino verkörpert eine Initiative zur Etablierung eines kulturellen Zentrums, das Geschichte, Kunst und Kultur zum Ausdruck bringt und zu einem Anziehungspunkt für die Gemeinschaft wird – sowohl im Stadtteil Wedding als auch in der kommenden Wohnsiedlung Tegel. Durch eine sorgfältige Auswahl von Farbgestaltung, Möblierung und Raumstruktur im Geist der 1950erJahre erfährt das Kino eine Transformation hin zu einem Ort lebendiger kultureller Zusammenkünfte und Interaktionen.

8.6 Neugestaltung des ehemaligen Hotelgebäudes

Nach dem Besuch der permanenten Ausstellung haben die Gäste die Möglichkeit, das ehemalige Hotelgebäude zu betreten. Indem sie den Übergang zwischen zwei Gebäuden betreten, können sie die Ausstellungen der Künstler/-innen in der Residenz erkunden.

Dieser Übergang wird zu einem Raum werden und als Plattform dienen, um wechselnde Ausstellungen zu präsentieren, die einen interaktiven und lehrreichen Austausch zwischen Künstler/-innen und Besucher/-innen fördern sollen (Abb. 8.7). Die Stellplätze dieser Ausstellungen sollten so gestaltet sein, dass sie die freie Sicht auf den Innenhof nicht behindern und für künftige Ausstellungen problemlos entfernt werden können.

Abb. 8.7 Temporäre Ausstellung. Eigene Darstellung, basiert auf Quelle: freepik. (Eigene Darstellung, basiert auf Quelle: freepik, https://www.freepik.com/free-psd/landing-page-theatre-school-template_11401822.htm)

Die Ankunft im Gebäude wird von einer Empfangslobby markiert, die den Weg zum Restaurant oder zur Bar „L'Aiglon" lenkt. Dieses Konzept eröffnet eine vorzügliche Gelegenheit zur Interaktion zwischen der Gemeinschaft und den Künstler/-innen. Hier können sie miteinander in Kontakt treten, gemeinsame Mahlzeiten einnehmen und Beziehungen aufbauen. Dies wird auch einen wesentlichen Beitrag zur finanziellen Nachhaltigkeit der Stiftung „L'Aiglon" darstellen.

Die bestehenden Bereiche für Bar und Restaurant bleiben unverändert an ihrer Position. Anstatt der bisherigen allgemeinen Empfangsräume werden separate Toiletten für Männer, Frauen und Personen mit besonderen Bedürfnissen eingerichtet. Das Eingangsfoyer wird ebenfalls teilweise den Anforderungen der Bar angepasst. Die früheren Toilettenräume werden umgewandelt und dienen nun der Instandhaltung dieses Gebäudeteils sowie als Lager, das für die Annahme von Post genutzt wird.

Hinter der Bar wird eine geräumige Küche eingerichtet, in der tägliche Mahlzeiten für Gäste, Künstler und Ensemblemitglieder des „L'Aiglon" vorbereitet werden.

Im Anschluss an die Küche werden Räume für die Lagerung von warmen und kalten Speisen sein, die einen direkten Zugang außerhalb von den Anlagen haben. Dies ermöglicht die unmittelbare Bereitstellung von Speisen in den Räumlichkeiten. Ein weiterer Raum im unteren Bereich des Erdgeschosses dient als Treffpunkt für Köche und Kellner, wo sie in einer ruhigen Umgebung ihre Arbeitsaufgaben besprechen können.

8.6.1 Erdgeschoss – Räume für technische Unterstützung und Werkstätten

Im Hauptfoyer ist ein Aufzug vorhanden, der das Erdgeschoss mit den übrigen Stockwerken des Gebäudes verbindet. An diesem Ort wird die charakteristische Architektur des 20. Jahrhunderts durch Wendeltreppen im Foyer präsentiert, während sie sich im ersten Obergeschoss bis zum vierten Stock in Form einer zweiläufigen Treppe erstreckt. Neben der Bar ist eine andere Treppe positioniert, die den Weg in das Untergeschoss des Gebäudes bringt. Dieser Weg erstreckt sich ebenfalls unterhalb des Querbaus, der die zwei Gebäude verbindet (Abb. 8.8).

Der Grundriss des Untergeschosses umfasst die Fläche des ehemaligen Hotelgeschossplans sowie den Grundriss des Querbaus.

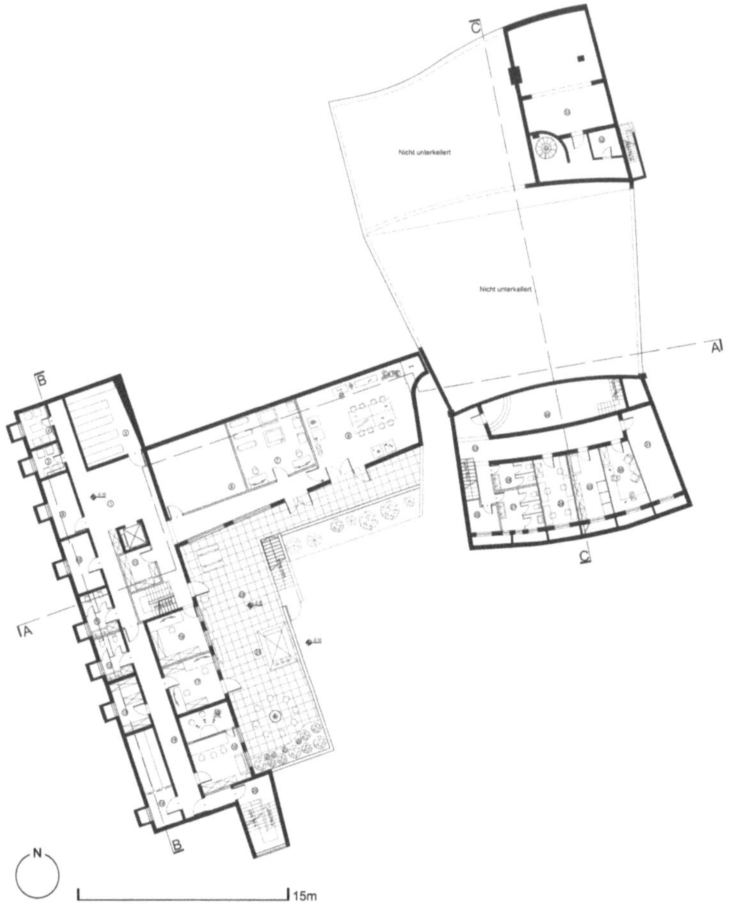

Abb. 8.8 Zukunftsplan für das Untergeschoss. (Quelle: Eigene Darstellung)

Die bisherige Nutzung des Untergeschosses als Küche und Wirtschaftsraum wird deutlich umgewandelt. Im oberen Bereich des Grundrisses, unterhalb des Gebäudeeingangs, wird der Serverraum untergebracht. Demzufolge werden sich die Wasch- und Trockenräume befinden, die den lauteren Teil des Untergeschosses repräsentieren. Unter dem Querbau werden sich eine Werkstatt mit Anlagen zur Metall- und Holzbearbeitung befinden, flankiert von einer Druckerei mit Drucker für Kunstdrucke, Plotter und Sprayraum. Alle diese Räumlichkeiten werden über einen direkten Zugang zum Untergeschoss im Freien verfügen, der über die Treppe zum Hinterhof führt. Hier wird ebenfalls ein Lastenaufzug vorhanden sein, der die Installationen in den Hinterhof befördern kann. Der Keller kann von den Bewohner/-innen und der Residenz Mitarbeiter/-innen als Freizeitbereich genutzt werden. Im südlichen Teil des Gebäudes werden sich der Serverraum, der Technikraum, Lagerräume, ein Archivraum, der Raum des Hausmeisters und ein schallisoliertes Tonstudio befinden.

8.6.2 Erstes Obergeschoss – Begegnungs- und Gestaltungsbereich

Von der ersten bis zur dritten Etage wird die Raumaufteilung einheitliche Strukturen aufweisen (Abb. 8.9). Am Anfang des linken Flügels werden sich sowohl eine Treppe als auch der Zugang zu den Aufzügen befinden. Auf der linken Seite dieses Korridors befanden sich ursprünglich zwei großzügige Räume, deren Organisation und Dimensionierung nun auf sämtlichen Etagen überarbeitet werden.

Rechts von diesem offenen Flur erstreckt sich ein Flur von 2 Metern Breite. Dieser Flur ist durch eine Brandschutztür abgegrenzt und führt zu den sechs weiteren Zimmern. Diese Zimmer werden entweder in Dreizimmer-Gruppe umstrukturiert oder werden ihre ursprüngliche Anordnung beibehalten. In den ersten beiden Stockwerken werden die Toiletten aus diesen Räumen entfernt, während im dritten Stockwerk auch eine Modernisierung der Toiletten erfolgen wird.

In den ersten beiden Etagen werden sich unmittelbar vor den letzten beiden Zimmern zwei Toiletten befinden. Eine davon wird speziell für Menschen mit eingeschränkter Mobilität geeignet. Am Ende des engen, aber langen Korridors werden sich eine weitere Brandschutztür befinden, die den Zugang zur Feuertreppe ermöglicht.

Diese Treppe werden alle Stockwerke des Hotels verbinden und werden im Erdgeschoss mit einem Ausgang beenden, der zum hinteren Garten des Bauensembles führt.

Die erste Etage des Gebäudes wird eigens für das Miteinander und gemeinsame Aktivitäten konzipiert. Ursprünglich als Standort für sieben Hotelzimmer

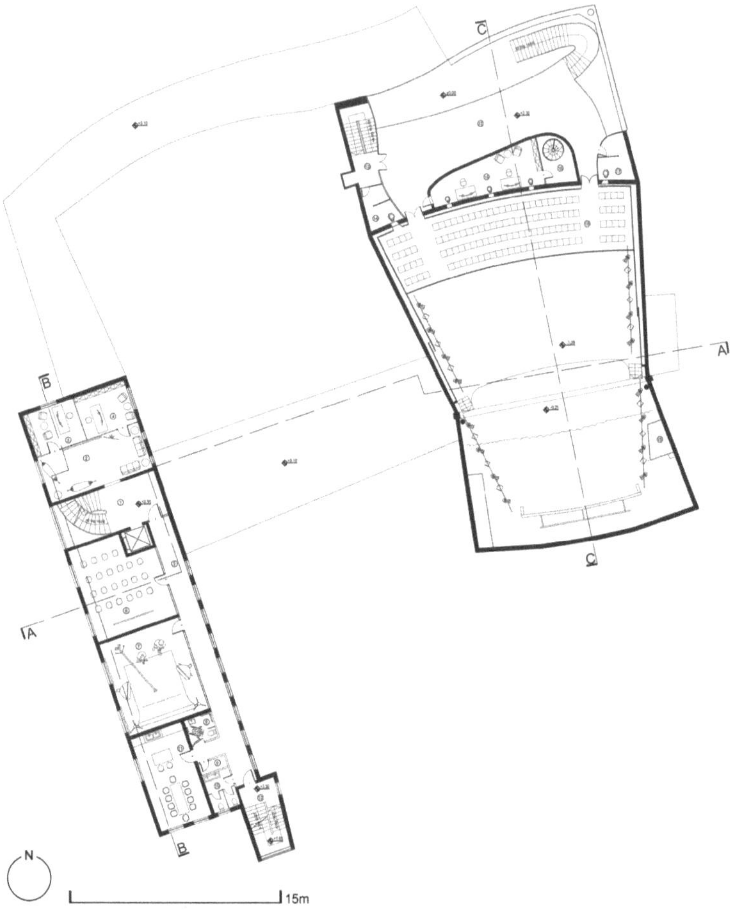

Abb. 8.9 Zukunftsplan für das erste Obergeschoss. (Quelle: Eigene Darstellung)

geplant, wird diese Etage nun eine neue Ausrichtung erhalten. Sämtliche trennenden Wände werden entfernt, um einen großzügigen und offenen Raum zu schaffen, der zur Entfaltung von Kreativität und Zusammenarbeit einladen wird.

Direkt links vom zentralen Treppenhaus werden sich ein inspirierender Brainstorming-Bereich öffnen, der Künstler/-innen die Gelegenheit bieten wird, gemeinsam kreative Lösungen zu erarbeiten.

Angrenzend werden sich die Büros der Administration und des Koordinators der Stiftung „L'Aiglon" befinden. Diese Räume werden eine reibungslose Organisation und Koordination der Abläufe im „Artist in Residence" ermöglichen. Rechterhand der Treppe erstreckt sich wie bisher ein Flur, der zu verschiedenen Räumlichkeiten führt. Weiter entlang des Flurs wird sich ein gut ausgestatteter Seminarraum befinden, der für Workshops, Vorträge und interaktive Sitzungen genutzt werden kann. Er wird Platz für eine Vielzahl von Teilnehmern bieten und wird mit moderner Technik ausgestattet, um eine optimale Lern- und Arbeitsumgebung zu gewährleisten. Der Raum wird nicht nur für Künstlervorträge genutzt werden, sondern auch für Präsentationen von externen Gästen vorgesehen sein.

Ein paar Schritte weiter wird sich der Videoraum öffnen, der mit hochmodernen Greenscreens ausgestattet wird. Hier wird absolute Dunkelheit herrschen, um optimale Bedingungen für Foto- und Videoaufnahmen zu gewährleisten. Die Einrichtung wird hochwertige Ausrüstung umfassen, die eine beeindruckende visuelle Darstellung und einen klaren Klang ermöglicht. Entlang des Flurs wird der Weg schließlich zur gemeinsamen Küche führen, einem Ort der Begegnung und des Austauschs.

Hier werden Künstler/-innen die Möglichkeit haben, gemeinsam Mahlzeiten zuzubereiten und dabei in gemütlichem Ambiente Ideen auszutauschen. Unweit der Küche befinden sich Toiletten, darunter auch eine barrierefreie Toilette.

Die zukünftige Konzeption der ersten Etage hat das Ziel, eine anregende Atmosphäre zu schaffen, in der Künstler/-innen in verschiedenen Ausdrucksformen miteinander interagieren können. Die bewusste Beseitigung der räumlichen Barrieren wird die Bedeutung des gemeinsamen Schaffens und der offenen Kommunikation im „Artist in Residence " unterstreichen.

8.6.3 Zweites Obergeschoss – Individuelle Künstlerateliers

Die gesamte zweite Etage wird ausschließlich der individuellen Ateliers der Künstler vorbehalten (Abb. 8.10). Um die bestehende Raumaufteilung von acht Räumen optimal zu nutzen, wird beschlossen, dass jeder Künstler in einem separaten Atelier arbeiten soll. Die Stiftung „L'Aiglon" beabsichtigt, jährlich acht Künstler/-innen hier eine Residenz zu ermöglichen. In diesem Kontext ist ein Platz für eine Künstler/-in mit Familie vorgesehen, und ein weiterer Platz wird für eine Künstler/-in mit eingeschränkter Mobilität reserviert.

Bereits beim Betreten des Geschosses werden sich links des Hauptflurs – der sich in Richtung des Treppenhauses erstreckt – zwei Ateliers befinden. Vor diesen Ateliers werden ein kleiner Lagerraum sowie ein Raum für Putzmittel platziert sein. Der Flur setzt sich fort und wird zu sechs aufeinanderfolgenden Studios führen. Besonders erwähnenswert ist das zweite Studio, das speziell für Menschen mit eingeschränkter Mobilität konzipiert wurde. Die Nähe zum Aufzug wird dieser Künstler/-in eine reibungslose Bewegung zwischen den Etagen ermöglichen.

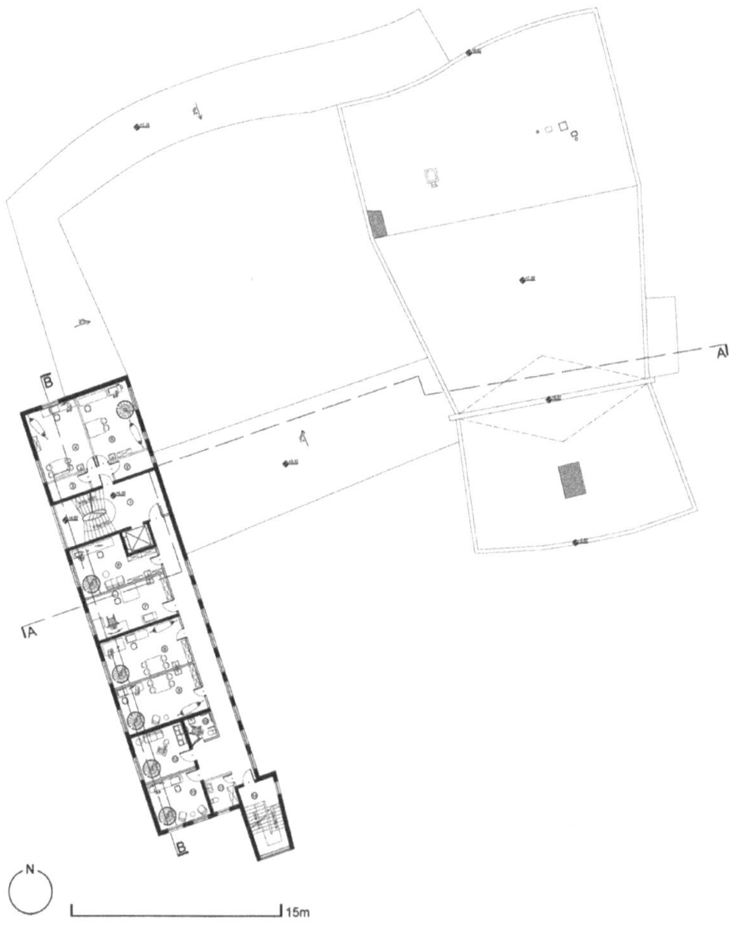

Abb. 8.10 Zukunftsplan für das zweite Obergeschoss. (Quelle: Eigene Darstellung)

Gegen Ende des Flurs, direkt vor dem letzten Studio, werden sich zwei Toiletten befinden, die in ihrer Gestaltung ganz gleichartig zu denen auf der ersten Etage sind. Ein interessantes Merkmal ist, dass alle Studios, bis auf das für Personen mit eingeschränkter Mobilität, durch eine elegante Wendeltreppe mit den darüber liegenden Räumen verbunden sein werden. Dies wurde ermöglicht, indem eine Öffnung in der Decke zwischen dem zweiten und dritten Geschoss geschaffen wurde, sodass eine über zwei Ebenen verbundene Galeriewohnung mit Treppen entsteht (Abb. 8.11). Um das kreative Ambiente weiter zu optimieren, werden die Zwischengeschossplatten teilweise entfernt. Dadurch wird eine Öffnung in der Wand entstehen, die mit zwei bestehenden französischen Fenstern übereinander versehen ist. Jedes Atelier wird über eine eigene Galerie verfügen, die dazu einlädt, die geschaffenen Werke in einem besonderen Licht zu präsentieren. Dieses raffinierte Detail wird die Künstler/-in eine herausragende Atmosphäre und einzigartiges Licht für ihre Arbeit gewähren.

Abb. 8.11 Diagramm der Entstehung des Ateliers mit Galerien. (Quelle: Eigene Darstellung)

Die Ateliers werden mit einer umfassenden Auswahl an moderner Ausrüstung ausgestattet, die den Anforderungen der Medienkünstler entsprechen wird. Hochauflösende Monitore, leistungsstarke Computer, spezialisierte Software und erstklassige Beleuchtungssysteme werden die optimalen Bedingungen gewährleisten, um innovative und anspruchsvolle Medien-Kunstwerke zu schaffen.

Die Vielfalt der künstlerischen Ausrichtung wird sich auf verschiedene Weise äußern. In dieser Arbeit werden nur einige davon behandelt, wobei sich in der Zukunft mit Sicherheit noch weitere entfalten können. Eines der Ateliers wird speziell für 3D-Animator gestaltet. Hier werden leistungsstarke Computer mit dedizierten Grafikkarten verfügbar sein, die eine reibungslose Erstellung der 3D-Welten ermöglichen. Zusätzlich werden ein Grafiktablett und ein hochauflösender Monitor als Instrumente für präzise Modellierung und Animation dienen. Atelier für Virtual Reality (VR)-Entwicklung wird über einen leistungsstarken Computer verfügen, der mit einer VR-Brille verbunden ist. Zusätzlich wird das Bewegung-Erfassungssystem der Künstler/-in ermöglichen, interaktive virtuelle Umgebungen zu erschaffen.

Der audiovisuelle Künstler/-in wird in ihrem Atelier ein Audio-Interface und eine Auswahl an Mikrofonen vorfinden. Ein spezialisierter Computer mit Video- und Audio-Software wird bereitstehen, um audiovisuelle Werke zu komponieren und zu bearbeiten.

Für den digitalen Maler/-in und Illustrator/-in wird ein Grafiktablett zur Verfügung stehen, das die Gestaltung digitaler Kunstwerke ermöglicht. Dieses Atelier wird mit einem Monitor, der für präzise Farbwiedergabe sorgt, sowie einen Drucker für Kunstdrucke ausgestattet, der den Künstlerinnen und Künstlern die Möglichkeit bietet, ihre Werke umzusetzen.

Im Atelier der Medienkünstler/-in für immersive Umgebungen werden mehrere Projektoren oder große Bildschirme auf leistungsstarke Computer verbunden. Diese Konfiguration wird die Gestaltung von Videoinstallationen eröffnen und wird immersive Erlebnisse für die zukünftigen Betrachter/-innen schaffen.

In jedem der individuell angepassten Ateliers werden sich Technologie und Kreativität verbinden, um einzigartige Werke der Medienkunst zu erschaffen. Die vielfältige Ausrüstung wird es den Künstler/-innen ermöglichen, ihre Ideen in beeindruckenden Formen zum Leben zu erwecken.

8.6.4 Drittes Obergeschoss – Wohnbereich für Künstlerinnen und Künstler

In jeder Künstler/-in-Wohneinheit wird sich ein separates Badezimmer befinden, das durch einen kleinen Flur abgetrennt ist, der auch eine Garderobe beherbergt (Abb. 8.12). Die Räumlichkeiten werden vom zweiten und dritten Obergeschoss aus erreichbar sein (Abb. 8.13). Die Grundidee dieses Konzepts besteht darin, der Künstler/-in Raum zu bieten, um den Arbeits- und Wohnbereich zu differenzieren, obwohl diese miteinander verbunden sind. Diese räumliche Anordnung wird für Privatsphäre und Funktionalität im Gesamtkonzept sorgen.

Die Schlafzimmer werden mit authentischen Möbelstücken im Stil der 1950er-Jahre eingerichtet, darunter Sessel, die heute im Orchestergraben zu finden sind. Sogar ikonische Stühle wie der DSR von Charles & Ray Eames aus dem Jahr 1950 können sich hier wiederfinden. Diese Stühle, erhältlich in den Farben Weiß, Blau, Rot und Gelb, werden nicht nur als Sitzgelegenheiten dienen, sondern werden auch einen kreativen Akzent setzen, der an die Atmosphäre von Kinosaal-Sitzen erinnert.

Die Auswahl erstklassiger Möbel werden sich auch auf Kommoden, Kleiderschränke und Tische erstrecken, die von der renommierten Marke Vitra gefertigt sind. Diese Möbelstücke werden die reduzierten und eleganten Formen verkörpern, die die Ästhetik der 1950er-Jahre prägen.

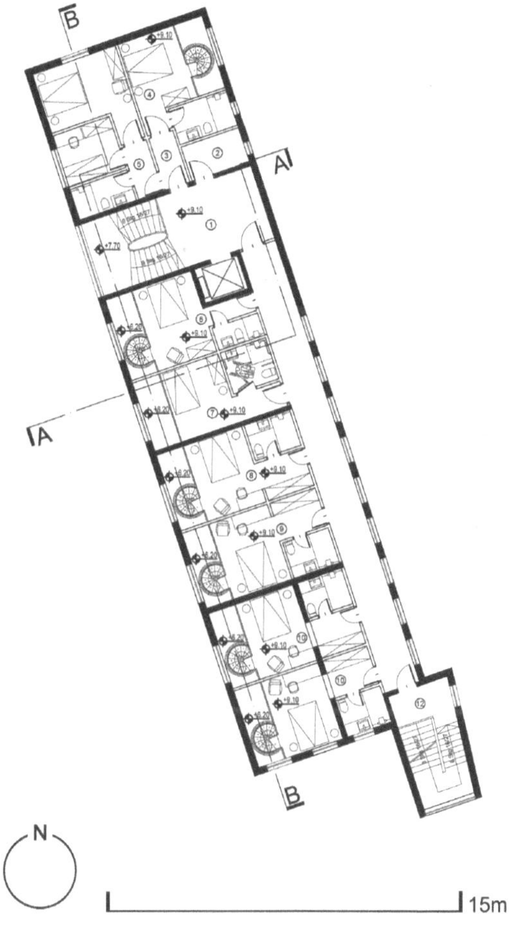

Abb. 8.12 Zukunftsplan für das dritte Obergeschoss. (Quelle: Eigene Darstellung)

Die Dekoration der Innenwände wird sich in dezenten Türkis- und Gelbtönen widerspiegeln, die eine matte Oberfläche aufweisen. Dieser Farbpalette wird eine Kontrast-Dekoration aus vertikalen Walnussholzlamellen gegenüberstehen. Dieser bewusste Kontrast zwischen den Farben und Texturen wird ein einladendes und gleichzeitig raffiniertes Ambiente schaffen, das die Zeitlosigkeit und den Stil der 1950er-Jahre einfängt.

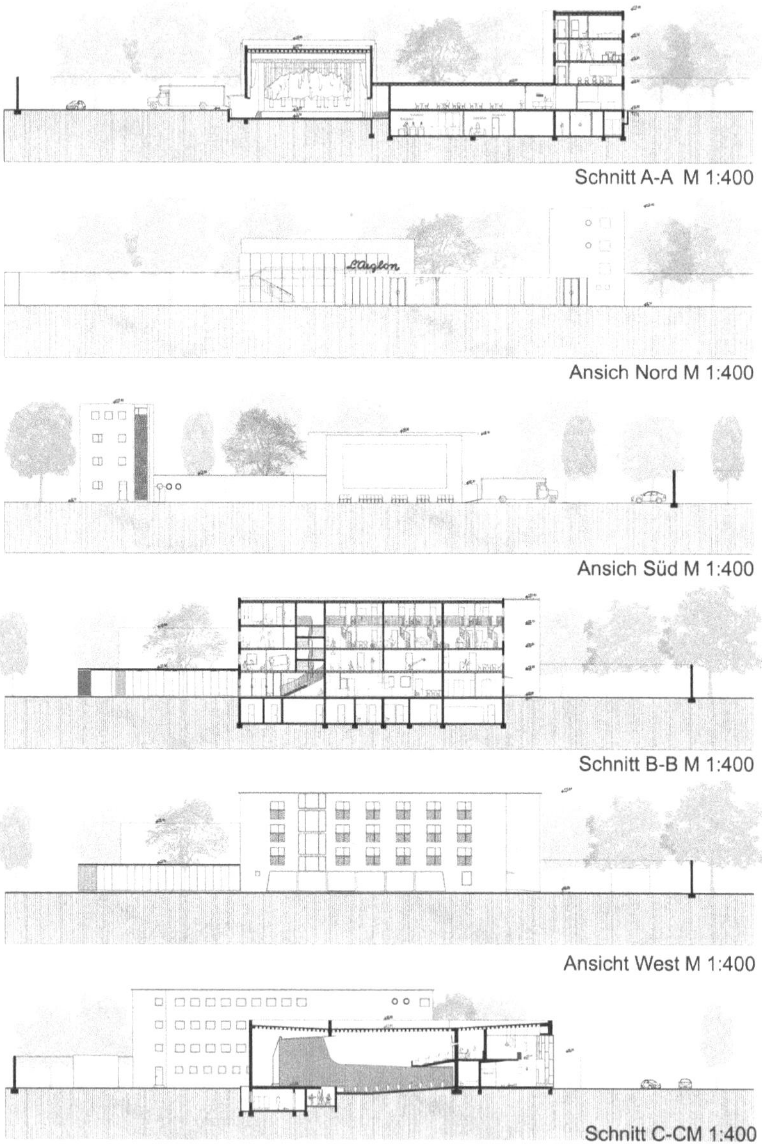

Abb. 8.13 Schnitte und Ansichten der zukünftigen „L'Aiglon-Residenz". (Quelle: Eigene Darstellung)

9 Zusammenfassung und Schlussfolgerung

In diesem Kontext ist zu berücksichtigen, dass das Kino „L'Aiglon" in den letzten drei Jahrzehnten nur eines von zahlreichen Beispielen der vernachlässigten Nachkriegsarchitektur darstellt. Es ist erforderlich, eine öffentliche Debatte über die Baukultur zu initiieren, die sich mit dem baulichen Erbe der Moderne auseinandersetzt.

Hierbei müssen wir alle Möglichkeiten von Erhaltung bis hin zum Abriss in Betracht ziehen und nach einer ausgewogenen Lösung suchen. Ein entscheidender Schritt besteht darin, das Bewusstsein für die Relevanz dieser Baukultur zu schärfen, insbesondere in Hinblick auf ihre Verknüpfung mit unserer kollektiven Identität, Geschichte und unserem Erbe.

Innerhalb der Gesellschaft existiert eine gewisse Anerkennung für die Architektur von Nachkriegsikonen. Allerdings ist es ebenso essenziell, das Verständnis für die alltägliche Nachkriegsarchitektur zu entwickeln. Die Wertschätzung für solche Bauwerke trägt ebenso dazu bei, ein tieferes Verständnis für die Vergangenheit zu entwickeln und spielt eine wesentliche Rolle bei der Orientierung in der Gegenwart sowie bei der anspruchsvollen Gestaltung der zukünftigen Entwicklungen. Auf diese Weise kann die Gesellschaft dazu beitragen, eine Fortentwicklung des baulichen Umfelds zu schaffen, ohne es neu zu bauen. Es gilt, die gesellschaftliche Zustimmung zur Erhaltung der Alltagsarchitektur einer bestimmten Epoche zu fördern und sie gleichzeitig den Anforderungen der modernen Gesellschaft anzupassen. Diese Bemühungen führen zu vielfältigen Szenarien, jedoch nicht zum Szenario des Gebäudeabrisses.

Dieser Leitfaden hat einen beträchtlichen Einfluss auf den Ansatz zur Erhaltung moderner Architektur und betont die Notwendigkeit einer ausgewogenen Balance zwischen Erneuerung und Bewahrung, um sicherzustellen, dass diese

D. Petrović, *Das Kino und Hotel „L'Aiglon" in Berlin-Wedding*, BestMasters,
https://doi.org/10.1007/978-3-658-50214-0_9

wertvollen architektonischen Beiträge für zukünftige Generationen erhalten bleiben.

Die vorliegende Schlussfolgerung ergibt sich aus einer umfassenden Forschungsarbeit zum Kino „L'Aiglon" in Berlin. Diese Untersuchung umfasste verschiedene Ansätze wie Archivbesuche, Gespräche mit Zeitzeugen, Vor-Ort-Begehungen sowie eine Auseinandersetzung mit der Kinoarchitektur als eigenständigem Bautyp und der Geschichte des Einflusses der Alliierten auf die Entwicklung des Nachkriegsdeutschlands. Durch diese facettenreiche Analyse wurden tiefgreifende Einblicke in die Vergangenheit und den Kontext des Kinos gewonnen.

Die Forschung konzentrierte sich auf die Beantwortung der Frage, warum ein Gebäude, das ursprünglich im Kontext der Demokratisierung einer Gesellschaft errichtet wurde, für diese Gesellschaft lange Zeit unzugänglich war und anderen Zwecken diente. Dabei wurde die Rolle des Films bei der Demokratisierung der Gesellschaft untersucht, insbesondere in wirtschaftlicher Hinsicht, mit dem Ziel, Profit zu erwirtschaften und die Kinematografie in Deutschland zu etablieren. Es wurden Kinos analysiert, die während der Besatzungszeit und in den Jahren danach in Berlin entstanden sind und von den Alliierten errichtet wurden. Im Rahmen einer Vergleichsstudie wurde herausgearbeitet, dass die Architektur dieser Gebäude größtenteils den architektonischen Strömungen der Zeit folgte und weniger spezifischen Vorgaben der Alliierten unterlag.

Zudem wurden die deutsch-französischen Beziehungen erforscht, die im Verlauf der Geschichte wechselhaft waren, jedoch heute noch immer auf den Straßen von Wedding spürbar sind.

Die Aussagen von Zeitzeugen verdeutlichen eindrücklich, wie ein einzelnes Objekt einen hohen emotionalen Wert für Menschen haben kann und Momente ihres Lebens – sei es Freude, Trauer oder Glück – symbolisiert. Diese Erkenntnisse führen zur Schlussfolgerung, dass der Denkmalschutz eines Gebäudes nicht zwangsläufig dessen unveränderte Pracht über die gesamte Lebensdauer hinweg garantiert.

Die zusammenfassende Betrachtung aller Forschungsergebnisse spiegelt sich in einem Umnutzungsprojekt wieder. Obwohl dieses Projekt in gewissem Maße von der ursprünglichen Konzeption des Kinos und Hotels abweicht, trägt es dennoch zur Erhaltung und zur zukünftigen Nutzung des Gebäudes bei. Die Essenz der Filmvorführungen, des gesellschaftlichen Treffpunkts und der Unterkunft bleibt erhalten, wird jedoch an die Bedürfnisse und das zukünftige Leben in der Umgebung des ehemaligen Flughafens Tegel und den benachbarten Siedlungen in Wedding angepasst.

Berlin benötigt kein weiteres Kulturzentrum im herkömmlichen Sinne, jedoch in Anbetracht des vorgeschlagenen Konzepts bedarf die Welt genau einer solchen Einrichtung. In der heutigen Zeit, in der viele Talente stumm bleiben und ihre Werke nie das Licht des Tages erblicken, ist es von großer Bedeutung, Gebäuden aus unserer jüngeren Geschichte eine zweite Chance zu bieten. Dieses Konzept ermöglicht es auch den ungehörten, talentierten und kreativen Menschen, ihre Stimme zu erheben und ihre vielseitige Geschichte zu erzählen, in einer Umgebung, die ihre zweite Chance bekommen hat.

In einer Zeit, in der die Welt mit verschiedenen Herausforderungen konfrontiert ist, stellt die Wiederbelebung von Gebäuden unserer jüngsten Geschichte und die Förderung unentdeckter Talente eine Möglichkeit dar, demokratische Werte wieder in den Vordergrund unseres Alltags zu rücken. Dieses Umnutzungsprojekt kann dazu beitragen, eine Plattform für Kreativität, Ausdruck und Austausch zu schaffen, die nicht nur die Vergangenheit würdigt, sondern auch eine Brücke zur Zukunft schlägt.

Literaturverzeichnis

A.D. (1945): „The German Theatre – Then and Now ". In: British Zone Review, Vol. 1, No. 1, Berlin, S. 5

Bähr, A. (1995): „Der Wiederaufbau: Von der Illusionswelt zur Filmkunst". In: Hänsel, S. Schmitt, A. (Hrsg.): Kinoarchitektur in Berlin 1895–1995. Berlin: Reimer, S. 17–18

Blauert, E. (1999): Hans Wolff-Grohmann, Architekt. Berlin: Kunstbibliothek, S. 11–42

Blokker, J. (2015a): „From the Heritage of the German ‚Other' to the Heritage of the ‚Other' Germany: American policy on German architectural heritage between the Second World War and the Cold War ". In: Vinken, G, Enss, C. (Hrsg.): Das Erbe der Anderen. Denkmalpflegerisches Handeln im Zeichen der Globalisierung. Bamberg: University of Bamberg Press, S. 49–57

Blokker, J. (2015b): „Architecture as a Medium of American Cultural Diplomacy between the Second World War and the Cold War" in Kolloquium 2015; Beiträge Bamberger Nachwuchswissenschaftlerinnen. Bamberg: University of Bamberg Press, S. 47–61

Bröcker, M. (1995): „Von der Bude zum Palast". In: Hänsel, S, Schmitt. A. (Hrsg.): Kinoarchitektur in Berlin 1895–1995. Berlin: Reimer, S. 5–9

Bröcker, M. (1995): „Oberon". In: Hänsel, S, Schmitt. A. (Hrsg.): Kinoarchitektur in Berlin 1895–1995. Berlin: Reimer, S. 57

Buchloh, S. (2006): „Zwischen Demokratisierungsbemühungen und Wirtschaftsinteressen: Der Film unter der Besatzung der westlichen Alliierten", in: Jahresbuch für Kommunikationsgeschichte. Stuttgart: Franz Steiner Verlag, S. 162–193

Burkhardt, B. (2012): „Bauten ohne Vorbild? Bautechnologien der Nachkriegsarchitektur". In Gisbertz, O. (Hrsg.): Nachkriegsmoderne kontrovers: Positionen der Gegenwart. Berlin: Jovis. S. 142–151

Cohen, J, Hartmut, F, Volker, Z. (2019): Ein neues Mainz? Kontroversen um die Gestalt der Stadt nach 1945. Berlin: De Gruyter, S. 12

Dauss, M. (2023): „Lichtarchitektur". Berliner Kinos des „Goldenen Zeitalters". kunsttexte.de -Journal für Kunst- und Bildgeschichte, S. 1–23

Denkmal (1996): Denkmallistentext 09030299 zum Quartier Napoleon und Objektdatenblatt zum Kino L'Aiglon. Berlin: Landesdenkmalamt Berlin

Der Paritätische Wohlfahrtsverband Berlin (2021): Merhaba Berlin: Geschichten vom Ankommen und Hierbleiben. Berlin: Deutscher Paritätischer Wohlfahrtsverband Landesverband Berlin e. V., S. 9

D. Petrović, *Das Kino und Hotel „L'Aiglon" in Berlin-Wedding*, BestMasters,
https://doi.org/10.1007/978-3-658-50214-0

Duchêne-Lacroix, C. (2006): „Von französischen zu plurikulturellen Archipelen: Lebensformen von Franzosen in Berlin“. In: Kreutzer, F, Roth, S. (Hrsg.): Transnationale Karrieren. Wiesbaden: VS Verlag für Sozialwissenschaften, S. 243
Engst, U, Baasch, A, Wagnitz, M, Riffel, D. (2021): Demokratie erkämpfen, verteidigen, verlieren: eine Publikation von Gegen Vergessen – Für Demokratie e. V. Berlin: Gegen das Vergessen – Für Demokratie e. V., S. 4–39
Ercole, P, Van de Vijver, L, Treveri Gennari, D. (2021): Defining a typology of cinemas across 1950s Europe. In: Participations, Volume 18, Issue 2, S. 397
European Committee of the Regions (2022): Bericht der Hochrangigen Gruppe „Europäische Demokratie“. Brüssel: Publications Office, LU, S. 3, 4
Evers, B. (1999): Vorwort. In: Blauert, E. Hans Wolff-Grohmann, Architekt. Berlin: Kunstbibliothek, S. 7, 8
Führe, D. (2000): „An den Rand gedrängt – Frankreich als Besatzungsmacht in Berlin“. In: Berlinische Monatsschrift, Heft 12/2000. Berlin: Edition Luisenstadt, S. 73–83
Führe, D. (2001): Die Französische Besatzungspolitik in Berlin von 1945 bis 1949: Déprussianisation und Décentralisation. Berlin: Weissensee, S. 1
Genton, B. (1998): Les alliés et la culture, Berlin 1945–1949. Paris: Presses universitaires de France. S. 136
Gisbertz, O. (Hrsg.)(2012): Nachkriegsmoderne kontrovers: Positionen der Gegenwart. Berlin: Jovis
Glaser, H. (1989): „Kultur nach 1945: Eine Profilskizze“ in GMH Heft 5/89, S. 295–306
G.M.H. (1947): „Letters to the editor-Germans in British Theatres“. In: British Zone Review, Vol. 2, No. 2, Berlin, S. 22
Göring, H. (1938): „Soldatenwohnstadt des Regiments General Göring mit 130 Gebäuden“. In: Bauamt und Gemeindebau: Zentralblatt für Bauverwaltungen u. öffentl. Bauwesen 20, S. 7
Gouvernement Militaire de la Zone Française d’Occupation – Direction de l’Information (1947): Information en Action Culturelle, S. 42–45
Günther, E. (1953) : „Die Entflechtung des UFI/UFA-Konzerns“. In: Wirtschaft und Wettbewerb, 3. Jg. 1953, Heft 5, S. 282–284, hier 273
Hake, S. (2002): German National Cinema. London: Routledge, S. 92–127
Herbst, S. (1995): „Kino Columbia“, In: Hänsel, S, Schmitt. A. (Hrsg.): Kinoarchitektur in Berlin 1895–1995. Berlin: Reimer, S.183
Henke, K. (1982): Politik der Widersprüche: zur Charakterisierung der französischen Militärregierung in Deutschland nach dem Zweiten Weltkrieg. Oldenburg: De Gruyter, S. 504, 505
Hodgson, H. T. (1947): „British FIlm Policy“. In: British Zone Review, Vol. 2, No. 2, Saturday, July 26, 1947, S. 22
Hotel (1954) Ein kleiner Hotel- und Kino-Wettbewerb in Berlin. In: Bauwelt 1954, S. 911
Howard, E. (1902): Garden cities of tomorrow. London: Faber and Faber, ohne Seitenangabe
ICOMOS Deutsches Nationalkomitee (1998): Konservierung der Moderne, Tagung des Deutschen Nationalkomitees von ICOMOS in Zusammenarbeit mit der „Denkmal 96“. München: Nationalkomitee der Bundesrepublik Deutschland, ohne Seitenangabe
Jokilehto, J. (2003): „Continuity and change in recent heritage“. In: Word Heritage Papers 5; Identification and Documentation of Modern Heritage. Paris: UNESCO World Heritage Centre, S. 102–109

Kino (1957): Hotel und Kino am Kurt-Schumacher-Damm in Berlin-Reinickendorf. In: Bauwelt 48, S. 584

Krafczyk, Knufinke, U. (2018): Junge Denkmäler in Niedersachsen. Drei Herausforderungen beim Schützen und Erhalten. In: Tragbar, K. (Hrsg.): Die Zukunft der Nachkriegsmoderne. Berlin: Deutscher Kunstverlag, S. 16–29

Komander, G.H.M. (2006): Der Wedding: auf dem Weg von Rot nach Bunt. Berlin: Berlin Story Verlag, S. 11–216

Korn, E. (2018): Die Entwicklung des französischen Autorenkinos im historischen Kontext. Eine Fallstudie, München: GRIN Verlag, S. 3

Loiperdinger, M. (1999): Film & Schokolade – Stollwercks Geschäfte mit lebenden Bildern. Frankfurt am Main / Basel: Stroemfeld Verlag, S. 97

„L'Aiglon" (2018): Berlin-Wedding Denkmalgeschütztes Kino . In: Bundesanstalt für Immobilienaufgaben; Chancen für Investitionen Berlin 2018/2019, S. 6

Plumm, J. (2005): Französische Kulturpolitik in Deutschland 1945–1955: Jugendpolitik und internationale Begegnungen als Impulse für Demokratisierung und Verständigung. Frankfurt: Deutscher Universitätsverlag, S. 35–207

Ruhl, K. (1982): Neubeginn und Restauration: Dokumente zur Vorgeschichte der Bundesrepublik Deutschland 1945–1949. München: Deutscher Taschenbuch Verl, S. 293294

Reitzig, M. (2005): Berlin-Wedding in der Zeit der Hochindustrialisierung (1885–1914): eine gegenwartsbezogene Stadtteilanalyse. Berlin: Humboldt-Universität zu Berlin Institut für Geschichtswissenschaften, S. 11

Seidler, F. (2007): Die Entwicklung der Flughäfen in Berlin – Brandenburg. München: GRIN Verlag, S. 11

Senatsverwaltung für Stadtentwicklung, Bauen und Wohnen (2013): Masterplan Berlin TXL – Nachnutzung des Flughafens Tegel Anlage zur Senatsvorlage Dokumentation der Werkstattergebnisse inkl. Fachbeiträge, Berlin: Senatsverwaltung für Stadtentwicklung und Umwelt Kommunikation, S. 11

Siebert (1995), „Kino Outpost". In: Hänsel, S, Schmitt. A. (Hrsg.): Kinoarchitektur in Berlin 1895–1995. Berlin: Reimer, S. 247

Spitzenorganisation der Filmwirtschaft (1947): Filmstatistisches Taschenbuch, Wiesbaden, S. 23

Thies, J, von Daak, K. (1991): Südwestdeutschland Stunde Null. Die Geschichte der französischen Besatzungszone 1945–1948. Biendlach: Gondrom Verlag GmbH. S. 124

Von Buttlar, A, Wittmann-Englert, K, Dolff-Bonekämper, G. (2013): Baukunst Der Nachkriegsmoderne: Architekturführer Berlin 1949–1979. Forschungen Zur Nachkriegsmoderne. Berlin: Reimer, S. 61–97

Waterton, E, Smith, L. (2009): „There is no such thing as heritage". In: Waterton, E, Smith, L. (Hrgs.), Taking Archeology Out of Heritage. Cambridge: Cambridge Scholars Publishing, S. 10–22

West, S, Bowman, M. (2010): Heritage as Performance, in: West, S. (Hrgs.) Understanding heritage in practice. Manchester: Manchester University Press, 277–288

Wolff-Grohmann, Hans (1958): Hotel und Kino am Kurt-Schumacher-Damm in Berlin-Reinickendorf. In: Deutsche Bauzeitschrift 6 (1958), S. 1320–1323

Van Oers, Ron (2003): „Introduction to the Programme on Modern Heritage". In: Word Heritage Papers 5; Identification and Documentation of Modern Heritage. Paris: UNESCO World Heritage Centre, S. 11

Vogt, C. (1995): „Cinema Paris" , In: Hänsel, S, Schmitt. A. (Hrsg.): Kinoarchitektur in Berlin 1895–1995. Berlin: Reimer, S. 40
Zielinski, S. (1989): Audiovisionen. Kino und Fernsehen als Zwischenspiele in der Geschichte. Hamburg: Rowohlt Taschenbuch, S. 68–74.
Zauner, S. (1994): Erziehung und Kulturmission. Berlin: De Gruyter, S. 16–288

Quellenverzeichnis

Arbinger, T. (2000): Die Avenue verschwindet vom Straßenschild. In: Der Tagesspiegel. 14. Dezember 2000, [Online verfügbar unter]: https://www.tagesspiegel.de/berlin/wedding-dieavenue-verschwindet-vom-strassenschild-739225.html, [Zugriff und zuletzt geprüft im September 2025]
Bauten der Besatzungszeit in Westdeutschland (1945–55) Das Erbe der Demokratisierung in der architektonischen Landschaft Deutschlands. In: BTU, Fakultät 6, fg-Denkmalpflege , [Online verfügbar unter]: https://www.b-tu.de/fgdenkmalpflege/forschung/themen-und-projekte/aktuell/bauten-der-besatzungszeit, [Zugriff und zuletzt geprüft im September 2025]
Berliner Volksfestsommer. In: Berlin.de, [Online verfügbar unter]: https://www.berlin.de/events/2858022-2229501-deutsch-franzoesisches-volksfest.html, [Zugriff und zuletzt geprüft im September 2025]
Cités, [Online verfügbar unter]: https://www.berlin.de/landesdenkmalamt/denkmale/highlightdenkmale-der-alliierten/frankreich/reinickendorf/cites-647646.php, [Zugriff und zuletzt geprüft im September 2025]
Club Bouliste de Berlin, [Online verfügbar unter]: https://club-bouliste.de/unser-club/historie/, [Zugriff und zuletzt geprüft im September 2025]
Denkmaldatenbank: Luftbrückenflughafen, Französischer Militärflughafen, Zivilflughafen Tegel-Nord , [Online verfügbar unter]: https://denkmaldatenbank.berlin.de/daobj.php?obj_dok_nr=090978, [Zugriff und zuletzt geprüft im September 2025]
Denkmaldatenbank: Französischer Militärbahnhof, [Online verfügbar unter]: https://www.berlin.de/landesdenkmalamt/denkmale/highlight-denkmale-deralliierten/frankreich/reinickendorf/franzoesischer-militaerbahnhof-647687.php, [Zugriff und zuletzt geprüft im September 2025]
Denkmaldatenbank: Julius-Leber-Kaserne, [Online verfügbar unter]: https://denkmaldatenbank.berlin.de/daobj.php?obj_dok_nr=09030299, [Zugriff und zuletzt geprüft im September 2025]
Denkmaldatenbank: Deutschlandhaus (ehem.), Amerikahaus (ehem.), Edinburgh-House (ehem.) ,[Online verfügbar unter]: https://denkmaldatenbank.berlin.de/daobj.php?obj_dok_nr=09040624, [Zugriff und zuletzt geprüft im September 2025] Deutschlandkarte der Demokratie, [Online verfügbar unter]: https://demokratiegeschichte.de/karte/, [Zugriff und zuletzt geprüft im September 2025]
During, R. (2014): "Cité Foch in Berlin: Marodes Einkaufszentrum wird abgerissen". In: Tagesspiegel. 25. Juli 2014, [Online verfügbar unter]: https://www.tagesspiegel.de/berlin/marodes-einkaufszentrum-wird-abgerissen3575881.html, [Zugriff und zuletzt geprüft im September 2025]

Faust, J. (2014): Der blau-weiß-rote Wedding. In: WeddingWeiser, [Online verfügbar unter]: https://weddingweiser.de/der-blau-weis-rote-wedding/, [Zugriff und zuletzt geprüft im September 2025]

Ferienhäuser in Mitteldeutschland – Gästehaus „L'Aiglon", Berlin, [Online verfügbar unter]: https://sozialwerk-bfv.de/ferienhaeuser/mitteldeutschland/gaestehaus-l-aiglon-berlin, [Zugriff und zuletzt geprüft im September 2025]

Frey, T. (2021): Das Land Berlin will das „L'Aiglon" -Kino für die freie Kulturszene nutzen. In: Berliner Woche. 2021, [Online verfügbar unter]: https://www.berliner-woche.de/reinickendorf/c-bauen/das-land-berlin-will-das-laiglon-kino-fuer-die-freiekulturszene-nutzen_a324725, [Zugriff und zuletzt geprüft im September 2025]

Geschichte vom Kulturhaus Centre Bagatelle, [Online verfügbar unter]: https://www.centrebagatelle.de/centre-bagatelle/, [Zugriff und zuletzt geprüft im September 2025]

Gütters, M. (2021): Rahmenkonzept zur Weiterentwicklung der Orte deutscher Demokratiegeschichte, Bundestags-Drucksache 19/28535, [Online verfügbar als PDF unter]: https://www.bundesregierung.de/resource/blob/974430/1888580/2c893225f6604d90eca888c58173d29d/2021-04-12-bkm-rahmenkonzept-ortederdemokratiegeschichtedata.pdf?download=1, [Zugriff und zuletzt geprüft im September 2025], S. 2

Heuss, T. (1950): Rede in Heilbronn beim Richtfest des Rathauses auf dem Marktplatz (16.9.1950), in: Stadtarchiv Heilbronn, Signatur ZS 10743. Online verfügbar unter]: https://www.theodor-heuss-haus.de/theodor-heuss/zitate, [Zugriff und zuletzt geprüft im September 2025]

Mittemuseum, [Online verfügbar unter]: https://www.mittemuseum.de/de/ausstellungen, [Zugriff und zuletzt geprüft im September 2025]

Projekt Berlin TXL, [Online verfügbar unter]: https://www.berlin.de/sen/stadtentwicklung/staedtebau/projekt-berlin-txl/, [Zugriff und zuletzt geprüft im September 2025]

Statista (2024): Bevölkerung der Bezirke in Berlin nach Migrationshintergrund im Jahr 2024, [Online verfügbar unter]: https://de.statista.com/statistik/daten/studie/1109703/umfrage/bevoelkerung-bezirke-nachmigrationshintergrund-berlin/, [Zugriff und zuletzt geprüft im September 2025]

Staatliche Museen zu Berlin (1999): Jahresbericht 1999 der Staatlichen Museen zu Berlin, [Online verfügbar unter]: https://www.jstor.org/stable/pdf/4126062.pdf, [Zugriff und zuletzt geprüft im September 2025], S. 24

FSC
www.fsc.org
MIX
Papier | Fördert gute Waldnutzung
FSC® C083411

Kolibri 360 GmbH
Ferdinand-Jühlke-Straße 7
99095 Erfurt, Deutschland
produktsicherheit@kolibri360.de